高等学校数字媒体技术系列教材

网络游戏开发技术

Wangluo Youxi

Kaifa Jishu

王方石 吴 炜 编著

高等教育出版社·北京

内容提要

本书主要介绍网络游戏开发中难度较大的服务器端开发技术，服务器端开发人员不但应掌握基本的编程知识和计算机网络技术，还应掌握众多相关算法。为了便于读者学习，本书首先介绍网络游戏的发展历史、计算机网络的基础知识和基本协议，然后介绍网络游戏客户端和服务器端开发设计的基础知识，并分析服务器端开发过程中涉及的各个模块，同时提供大量实例，详细讲解网络游戏服务器端编程技术。通过本书的学习，读者可以独立实现简单的网络游戏服务器端功能。

本书可供高等学校本科计算机科学与技术、数字媒体技术等专业开设网络游戏相关课程时使用，也可作为相关技术人员的参考用书。

图书在版编目（CIP）数据

网络游戏开发技术 / 王方石，吴炜编著. —北京：高等教育出版社，2016.2
ISBN 978-7-04-044723-1

Ⅰ. ①网… Ⅱ. ①王… ②吴… Ⅲ. ①互联网络-游戏-游戏程序-程序设计-教材 Ⅳ. ①TP311.5

中国版本图书馆 CIP 数据核字（2016）第 021148 号

策划编辑	韩 飞	责任编辑	韩 飞	封面设计	王 琰	版式设计	杜微言
插图绘制	杜晓丹	责任校对	李大鹏	责任印制	韩 刚		

出版发行	高等教育出版社	网 址	http://www.hep.edu.cn
社 址	北京市西城区德外大街4号		http://www.hep.com.cn
邮政编码	100120	网上订购	http://www.hepmall.com.cn
印 刷	河北新华第一印刷有限责任公司		http://www.hepmall.com
开 本	787mm×1092mm 1/16		http://www.hepmall.cn
印 张	10.75		
字 数	240 千字	版 次	2016年2月第1版
购书热线	010-58581118	印 次	2016年2月第1次印刷
咨询电话	400-810-0598	定 价	21.00 元

本书如有缺页、倒页、脱页等质量问题，请到所购图书销售部门联系调换
版权所有　侵权必究
物 料 号　44723-00

前言

网络游戏是具有辉煌前景的朝阳产业,存在着巨大的发展潜力和广阔的市场空间。据统计,2013年我国网络游戏市场规模突破890亿元,同比增长32.9%[1],其中网页游戏和手机游戏成为发展的重点,且其3D化趋势越来越明显。我国网络游戏市场的高速发展让人们对这一产业的价值刮目相看。但是,随着技术的发展,网络游戏公司对人才的要求也逐渐提高,真正符合需求的人才非常匮乏。

为培养产业所需的应用型、实践型人才,教育部2004年正式批准设置了数字媒体技术专业。2011年,教育部示范性软件学院建设工作办公室组织编制了《高等学校数字媒体技术专业规范》,并以其为指导,成立数字媒体技术系列教材编委会,组织多所高校共同编写了"高等学校数字媒体技术系列教材",本书即为其中的一本。

网络游戏开发分为客户端开发和服务器端开发。服务器端开发相对比较难掌握,除需要掌握基本的编程知识和相关算法外,还需要对计算机网络有深入的了解。本书较为全面地介绍了网络游戏服务器端开发所需要的专业知识和基本方法,系统地介绍了服务器端的协议及各个模块实现的具体步骤。为便于读者学习,书中首先介绍了计算机网络基础知识,包括基本协议、Socket编程和Winsock编程方法;然后介绍网络游戏客户端和服务器端设计开发的基础知识,分析服务器端的各个模块,并以大量的实例详细讲解网络游戏服务器端编程技术。

本书适用于48学时的教学。学时分配具体如下:第1章 网络游戏概述(2学时),第2章 与网络编程有关的协议简介(4学时),第3章 网络游戏服务器端开发及优化(6学时),第4章 网络游戏客户端开发(4学时),第5章 网络游戏通信模块开发(6学时),第6章 网络游戏规则模块开发(6学时),第7章 网络游戏多线程技术(6学时),第8章 网络游戏世界管理模块(6学时),第9章 网络游戏开发实例(8学时)。

本书第1~4章由王方石撰写,第5~9章由吴炜撰写,王方石负责全书的统稿与校对工作。浙江工业大学计算机科学与技术学院(软件学院)院长王万良教授审阅了全书,并提出很

---

1 数据来源:艾瑞咨询。

多中肯的建议与意见，在此向他表示衷心的感谢。

感谢北京交通大学软件学院数字媒体实验室为作者提供了优良的科研设备和环境，使得本书得以顺利完成。感谢实验室各位同学的支持和帮助，特别感谢温阳、吴琼、师磊、王震军、朱雪阳、郑帅、吴霏宬、李倩等同学为本书所做的贡献。

网络游戏开发所涉及的专业领域知识十分广泛，与之相关的学科也很多，由于作者的学识和水平有限，书中的不妥之处在所难免，敬请读者批评指正。

作 者
2015 年 4 月

目录

第1章 网络游戏概述 1
1.1 Internet 简介 1
1.2 网络游戏简介及其发展 2
1.3 网络游戏服务器端介绍 3
1.4 主流网络游戏技术简介 4
习题 1 5

第2章 与网络编程有关的协议简介 6
2.1 OSI 七层协议 6
2.2 TCP/IP 8
2.3 UDP 10
2.4 IP 11
2.5 ARP 11
2.6 ICMP 12
习题 2 13

第3章 网络游戏服务器端开发及优化 14
3.1 UNIX 套接字介绍 14
3.1.1 Socket 套接字介绍 14
3.1.2 套接字的创建和关闭 16
3.1.3 连接处理 17
3.1.4 select() 函数 18
3.2 Windows Socket 介绍 21

3.3 TCP 实例 24
3.4 UDP 实例 29
3.5 广播实例 32
3.6 服务器端基本的优化方法 33
习题 3 34

第4章 网络游戏客户端开发 35
4.1 初始化客户端 35
4.2 TCP 客户端与服务器端通信 38
4.3 UDP 客户端与服务器端通信 42
4.4 客户端协议的定制 44
4.5 客户端协议的架构 44
4.6 客户端数据的接收和发送 56
4.7 客户端错误信息 59
习题 4 60

第5章 网络游戏通信模块开发 61
5.1 Socket 的封装 61
5.2 客户端数据读入 62
5.3 多路复用技术 63
5.4 通信模块的消息机制 68
5.5 通信模块的架构与实现 69
5.5.1 字节流 70

        5.5.2 协议基类 ·················· 74
        5.5.3 Socket 封装类 ············ 79
        5.5.4 会话基类 ·················· 82
        5.5.5 NetworkFacade ············ 87
    习题 5 ······························ 90

第 6 章 网络游戏规则模块开发 ······ 91
    6.1 业务逻辑的消息定义 ············ 91
    6.2 业务逻辑的消息处理 ············ 92
    6.3 业务逻辑的消息管理 ············ 93
    6.4 网络游戏规则模块的架构 ········ 95
    6.5 网络游戏规则模块的实现 ········ 96
    习题 6 ······························ 99

第 7 章 网络游戏多线程技术 ········ 100
    7.1 进程间通信 ···················· 100
    7.2 多线程技术 ···················· 102
    7.3 同步控制机制 ·················· 105
    7.4 多线程技术应用 ················ 118
    习题 7 ······························ 120

第 8 章 网络游戏世界管理模块 ······ 121
    8.1 服务器搭建 ···················· 121
    8.2 数据的压缩与加密 ·············· 124
    8.3 世界管理模块构建 ·············· 126
    8.4 世界管理模块实现 ·············· 128
    习题 8 ······························ 131

第 9 章 网络游戏开发实例 ·········· 132
    9.1 ACE 架构介绍 ·················· 132
    9.2 ACE Socket Wrapper Facade ······ 133
    9.3 ACE 进程 Wrapper Facade ········ 135
    9.4 ACE 线程 Wrapper Facade ········ 137
    9.5 ACE 同步 Wrapper Facade ········ 139
    9.6 服务器搭建 ···················· 142
    9.7 服务器优化 ···················· 150
    9.8 客户端实现 ···················· 154
    9.9 大型网络游戏实现 ·············· 156
    习题 9 ······························ 162

参考文献 ·························· 163

第 1 章　网络游戏概述

为了帮助读者更好地了解网络游戏开发，本章从 Internet 简介开始，介绍网络游戏的发展史、网络游戏客户端和服务器端的基本知识及其使用的主流技术。

1.1　Internet 简介

Internet（因特网，又名国际互联网）是由世界范围内各种大大小小的计算机网络相互连接而成的全球计算机网络。只要连接到它的任何一个节点上，就意味着用户的计算机已经连入 Internet 网络了。人们在 Internet 上开发了许多应用系统供入网的用户使用，用户还可以在 Internet 上方便地交换信息，共享资源。Internet 使用 TCP/IP（传输控制协议/网间协议）互相通信，它是一个无级网络，不专门为某个人或某个组织所拥有和控制，人人都可以参与其中。

Internet 起源于美国，现已成为连通全世界的一个超级计算机互联网络。Internet 在美国分为三层：底层为大学校园网或企业网，中层为地区网，上层为全国主干网。如国家自然科学基金网 NSFNET（National Science Foundation Network）等主干网连通了美国东、西海岸，并通过海底电缆或卫星通信等手段连接到世界各国。

Internet 之所以能发展如此迅猛，主要归功于其以下特点。

（1）Internet 是一个全球计算机互联的网络，用户可以在世界范围内的任意地点、任何时刻访问到连在互联网上的任何节点。

（2）Internet 对用户的计算机配置和网络操作技能要求低，费用也低，但带宽要求越来越高。

（3）它是一个巨大的信息资源，参与人数众多，共同享用着人类自己创造的财富（即资源）。

Internet 是一个网络，凡是采用 TCP/IP 并且能够与 Internet 中的任何一台主机进行通信的计算机，都可以看成是 Internet 的一部分。Internet 采用分布式的客户端/服务器架构，大大增强了网络信息服务的灵活性。

Internet 最初的宗旨是为大学和科研单位服务，由于其信息丰富、收费低廉，不但成为服务于全社会的通用信息网络，而且早已出现商业化趋势。美国在 Internet 骨干网的经营方面已经商业化，例如，美国国家科学基金会把 NSFNET 分成 SPRINTNET、MCINET 和 ANSNET 三部分，并将其管理权和经营权分别交给美国最大的三家电信公司，即 SPRINT、MCI 和 ANS。在 NSFNET 中建立一系列的网络存取点（Network Access Point）用于集中存放路由器，可为客户提供入网服务。

1.2 网络游戏简介及其发展

MMOGAME（Massive Multiplayer Online Game，又称"大型多人在线游戏"，简称"网游"）是必须依托于互联网进行、可多人同时参与的游戏，通过人与人之间的互动达到交流、娱乐和休闲的目的。

第一款真正意义上的网络游戏可追溯到 1969 年，当时瑞克·布罗米为 PLATO（Programmed Logic for Automatic Teaching Operations）系统编写了一款名为《太空大战》（SpaceWar）的游戏，它以 8 年前诞生于美国麻省理工学院的第一款计算机游戏《太空大战》为蓝本，不同之处在于它可支持两人远程连线。

网络游戏市场的迅速膨胀刺激了网络服务业的发展，网络游戏开始进入收费时代，许多消费者都愿意为网络游戏支付高昂的费用。从《凯斯迈之岛》（The Island of Kesmai）的每小时 12 美元到 GEnie 的每小时 6 美元，第二代网络游戏的主流计费方式是按小时计费，尽管也有过包月计费的特例，但未能形成规模。

1978 年，英国埃塞克斯大学的罗伊·特鲁布肖用 DEC-10 编写了世界上第一款 MUD 游戏——MUD1，这是一个纯文字的多人世界，拥有 20 个相互连接的房间和 10 条指令，用户登录后可以通过数据库进行人机交互，或通过聊天系统与其他玩家交流。

这是第一款真正意义上的实时多人交互网络游戏，它可以保证整个虚拟世界的持续发展。尽管这套系统每天都会重启若干次，但重启后游戏中的场景、怪物和谜题仍保持不变，这使得玩家所扮演的角色可获得持续的发展。

1991 年，Sierra 公司架设了世界上第一个专门用于网络游戏的服务平台——The Sierra Network（后改名为 ImagiNation Network，1996 年被 AOL 收购），这个平台类似于国内的联众游戏，它的第一个版本主要用于运行棋牌游戏，第二个版本加入了《叶塞伯斯的阴影》（The Shadow of Yserbius）、《红色伯爵》（Red Baron）和《幻想空间》（Leisure Suit Larry Vegas）等功能更为复杂的网络游戏。随后几年内，MPG-Net、TEN、Engage 和 Mplayer 等一批网络游戏专用平台相继出现。

1996 年开始，随着网络游戏的发展，引入了"大型网络游戏"（MMOG）的概念，网络游戏不再依托于单一的服务商和服务平台而存在，而是直接接入互联网，在全球范围内形成了一个大一统的市场。其中代表性的作品有《无尽的任务》、《天堂》、《魔兽世界》等。

2006 年之后，随着 Web 技术的发展，网站技术在各个层面得到提升，"无端网游"，即不用客户端也能玩的游戏，亦称网页游戏或 WebGame 逐渐兴起。其实，这种特殊的游戏类型早在网络游戏盛行之前的 Mud 时代就已经存在，只是因其玩法单调、模式固化和交互简单而没有引起玩家过多的关注，但延续至今却也拥有了一批忠实的玩家。网页游戏以其无需游戏客户端、在浏览器中点击即可操作的方便快捷的游戏方式，受到上班族的青睐和追捧。随着宽带的发展，网页游戏将会成为网络游戏的重要补充模式。

WebGame 一般是采用服务器端脚本编写的，但其运行还需要一定的客户端技术支持，如网页浏览器或浏览器上常用的一些插件（Java 或 Flash）。由于技术限制，早期在浏览器端采用 JavaScript、VBscirpt 等技术开发的 WebGame 多为策略型和简单图片型。随着 Flash 10 技术的支持，在浏览器端采用 Flash 或 Flex 开发的 WebGame 可获得类似客户端网络游戏的画面效果，但受限于 Flash 技术本身，WebGame 在处理大规模场景的地图、即时战斗、同屏角色效率问题上有很大的局限性。

另外，还有极少数基于 Shockwave、ActiveX 插件的 WebGame，由于难度较高，且限制较多、效果一般，所以使用者更少。

国内的 WebGame 也在 2006 年以全新面貌兴起，发展至今已进入成熟稳定期。随着国内网络带宽升级和技术的发展，目前利用 Unity3D 等引擎制作的 Web3DGame 也逐步发展起来。随着智能手机的发展和 4G 手机的普及，移动互联平台上的网络游戏将是下一个重要的增长点。

1.3　网络游戏服务器端介绍

网络游戏服务器端开发是网络游戏开发过程中非常重要的部分。玩家越多，游戏厂商越容易赚到钱；同时上线人数越多，则意味着服务器端压力就越大。网络游戏运营商迫切需要运行效率更高、运行状态更稳定、运行环境更安全的网络游戏服务器。

当前服务器端开发所使用的操作系统有 Windows Server 系统和免费开源的 Linux 操作系统。使用 Windows 操作系统开发服务器端的好处在于：Windows 有微软强有力的技术支持，操作界面交互较友好，操作方法容易掌握，在后期维护和周边支持方面也强于其他操作系统。使用 Linux 操作系统的好处在于：它是开源、免费的操作系统，故采用 Linux 作为服务器端操作系统的运营成本比采用 Windows 操作系统低，而且由于设计方式不同，Linux 操作系统运行效率比 Windows 操作系统高，安全性也强于 Windows 操作系统。但是 Linux 操作系统不够人性化，无论是操作方式还是交互界面都比 Windows 操作系统稍差。此外，使用 Linux 操作系统开发服务器应用的编程人员也较少，这在某种程度上限制了 Linux 操作系统编程在程序员中的普及。

由于这两种操作系统各有优缺点，所以越来越多的网络游戏服务器开发都开始使用跨平台开发技术，使服务器端可运行于不同的操作系统上，这也可满足不同网络游戏运营商的需要。

网络游戏服务器端对性能要求很高，所以一般采用 C 或者 C++编程语言进行开发。一般网络游戏服务器端的开发流程分为三个阶段。

（1）开发网络库，在操作系统提供的网络接口上封装自己的网络库（例如，在 Windows 平台下的 IOCP 是一个异步 I/O 的 API，可以作为大型网络架构的基础）或利用成熟的第三方开源的网络库（利用 ACE）。此为最重要的一步，因为后续逻辑实现的开发都要在此基础上进行。

（2）制定通信协议，定义客户端与服务器端、服务器端与服务器端的通信规则。

（3）实现具体的逻辑功能，按照不同的系统功能需求开发相应的模块，如登录游戏服务器、背包、商城和聊天系统等模块。

1.4 主流网络游戏技术简介

目前网络游戏技术大体分为客户端技术和服务器端技术，3D 游戏的客户端技术一般都是以 DirectX 或 OpenGL 作为底层的图形 API，封装后形成游戏引擎，如 Ogre、Unreal、BigWorld 等。由于各个公司对服务器端的要求不一样，大部分公司均采用 C++语言编写自主版权的网络游戏服务器端程序。

目前主流网络游戏服务器的架构通常采用客户端/服务器（C/S）结构。一般分为以下三种类型。

第一种类型是对等的客户端和服务器，在这种游戏服务器结构中，其中一个玩家的机器既充当服务器又充当客户端的角色，通常情况下服务器是由主导创建游戏的玩家担任的，称之为主机，其他的玩家通过网络搜索到相应的游戏并加入其中。《魔兽争霸》、《星际争霸》、《CS》等游戏都属于这种类型。

第二种类型是基于大厅（Lobby）的网络游戏，在这种游戏服务器结构中，大厅只负责把不同的客户端组织到一起，各个单独的客户端可以自行开始游戏。在进行游戏时，玩家通常只和自己加入的服务器发生交互。在数据库里只保存玩家的账户信息以及分数等数据。这种体系结构中的服务器端只是独立于游戏之外的一个辅助性软件，作用只是提供多个游戏服务房间的连接，供玩家选择。

第三种类型是真正意义上的 C/S 结构。客户端不再对数据进行逻辑处理，只作为一个收发装置从玩家那里接收操作信息，然后反馈给服务器，再由服务器处理后发回给客户端，在客户端通过图形化处理给玩家呈现出一个缤纷的游戏世界。如图 1-1 所示，数据库服务器上存有整个游戏世界的数据，包括地图信息、人物信息等。玩家通过客户端连接到登录服务器，账号验证成功后得到游戏世界的所有信息。在这种体系结构中，客户端之间无法直接通信，所有客户端消息均必须先发送给服务器。客户端发送的消息经服务器分析、验证和处理后，才能被服务器转发给其他客户端。与单机游戏不同的是：在网络游戏中，所有玩家信息如人物等级、装备等都存放于服务器上。这些信息由服务器发送给客户端，客户端只用于显示信息。游戏逻辑也统一由服务器处理，然后把处理的结果发送给客户端。此做法的目的是保证游戏数据不会被恶意破坏，预防不法用户篡改游戏数据的恶劣行为。但是这种做法的问题是：随着用户数量的增加，服务器所承受的压力将越来越大，成为整个系统的瓶颈。最终，服务器的瘫痪将会造成整个网络游戏系统的瘫痪，给运营商带来巨大的损失。

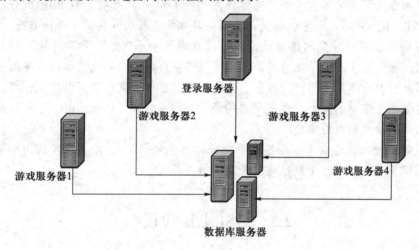

图 1-1　服务器端信息交互图

【小结】　本章主要介绍了网络游戏发展的历史、网络游戏服务端开发的基本知识和主流网络游戏技术，详细的内容将在后续章节中进行介绍。

习题 1

1. 简述网络游戏发展的历史。
2. 主流的网络游戏技术有哪些？

第 2 章　与网络编程有关的协议简介

本章将详细介绍网络编程的各个基础协议，包括 OSI 七层模型、TCP/IP 的分层模型以及 UDP、IP、ARP、ICMP 等几个主流协议，为网络游戏服务器端开发奠定理论基础。

网络编程需要了解计算机网络协议，网络游戏编程也不例外。共享计算机的资源以及在网上交换信息，都需要在不同系统的实体之间进行通信，两个实体或实体间对等的应用程序要成功地交换信息，就必须使用同样的语言。交流什么、怎样交流以及何时交流，都必须遵从有关实体间某种能相互接受的规则。这些规则的集合被称为协议（Protocol），它可以定义为两个实体间控制数据交换的规则的集合。

协议的关键部分包括语法（数据格式、编码、信号电平等）、语义（包括用于协调和进行差错处理的控制信息）和定时（包括速度匹配和排序等）。

2.1　OSI 七层协议

国际标准化组织（ISO）于 1983 年提出了著名的 ISO/IEC 7498 标准，它是一个试图使各种计算机在世界范围内互连为网络的标准框架，简称为 OSI 模型（Open System Interconnection Reference Model），即开放式系统互联参考模型。

OSI 将计算机网络划分为 7 层，如表 2-1 所示。

表 2-1　OSI 七层模型与网络协议对应表

OSI 七层网络模型	对应网络协议
应用层（Application）	TFTP、FTP、NFS、WAIS
表示层（Presentation）	Telnet、Rlogin、SNMP、Gopher

续表

OSI 七层网络模型	对应网络协议
会话层（Session）	SMTP、DNS
传输层（Transport）	TCP、UDP
网络层（Network）	IP、ICMP、ARP、RARP、AKP、UUCP
数据链路层（Data Link）	FDDI、Ethernet、Arpanet、PDN、SLIP、PPP
物理层（Physical）	IEEE 802.1A、IEEE 802.2～IEEE 802.11

1. 应用层

应用层（Application Layer）是最靠近用户的 OSI 层，主要负责为软件提供接口，使程序能使用网络服务。简单地说，就是能与应用程序进行沟通，以达到将其展示给用户的目的。术语"应用层"并不是指运行在网络上的某个特别的应用程序。应用层提供的服务包括文件传输、文件管理及电子邮件的信息处理。常见的有 HTTP、HTTPS、FTP、Telnet、SSH、SMTP 和 POP3 等协议。

2. 表示层

表示层（Presentation Layer）主要为不同用户提供数据和信息的语法转换和格式化，同时，也能提供数据的解密与加密、压缩与解压等功能，如常见的系统口令处理，如果在发送端对用户的账户数据进行了加密，则网络接收端的表示层将对所接收的数据进行解密。此外，表示层还需要对图片和文件格式信息进行解码和编码。

3. 会话层

会话层（Session Layer）负责为通信双方制定通信方式。它在网络的两个节点之间建立和维持通信，并使会话保持同步，还决定通信是否被中断及通信中断后从何处重新发送。

4. 传输层

传输层（Transport Layer）是 OSI 模型中最重要的一层，当两台计算机通过网络进行数据通信时，它是第一个端到端的层次，可起到缓冲作用。当网络层的服务质量不能满足要求时，它将提高服务以满足高层的要求；当网络层服务质量较好时，它所需要做的工作很少。此外，它还处理端到端的差错控制和流量控制等问题，最终为会话提供可靠、无误的数据传输。传输层包括 TCP、UDP、SPX 等协议。

5. 网络层

网络层（Network Layer）的主要功能是将网络地址翻译成对应的物理地址，它通过综合考虑发送优先权、网络拥塞程度、服务质量及可选路由的花费，确定网络中两个节点之间的最佳路径。此外，它还可实现拥塞控制、网际互连等功能。网络层包括 IP、IPX、RIP、OSPF 等协议。

6. **数据链路层**

数据链路层（Data Link Layer）是 OSI 模型的第二层，它控制网络层与物理层之间的通信，其主要功能是确保在不可靠的物理线路上进行可靠的数据传递。为了保证传输的可靠性，从网络层接收到的数据被分割成特定的可被物理层传输的帧。它的主要作用包括：物理地址寻址、数据的成帧、流量控制、数据的检错、重发等。数据链路层独立于网络层和物理层，工作时无须关心计算机是否正在运行软件或执行其他操作。有些连接设备，如交换机，要对帧解码并用帧信息将数据发送到正确的接收方，所以它们在数据链路层工作。数据链路层包括 SDLC、HDLC、PPP、STP、帧中继等协议。

7. **物理层**

物理层（Physical Layer）作为 OSI 模型的第一层，其主要功能是为数据端设备提供传送数据的通路，数据通路可以是一个物理媒体，也可以由多个物理媒体连接而成。一次完整的数据传输过程包括激活物理连接、传送数据和终止物理连接等步骤。物理层规定了激活、维持、关闭通信端点之间的机械特性、电气特性、功能特性以及过程特性。尽管物理层不提供纠错服务，但它能够设定数据传输速率并监测数据出错率。若网络出现物理问题，如电线断开，将影响物理层。

OSI 七层模型有效地解决了不同网络体系互连时所遇到的兼容性问题，其最大优点是将服务、接口和协议这三个概念明确地区分开来。服务说明某一层为上一层提供一些什么功能，接口说明上一层如何使用下层的服务，而协议涉及如何实现本层的服务。各层之间具有很强的独立性，互连网络中各实体采用什么样的协议是没有限制的，只需向上提供相同的服务且不改变相邻层接口即可。OSI 七层模型减轻了网络的复杂程度，一旦网络发生故障，可迅速定位故障所处层次，便于查找和纠正错误；通过在各层上定义标准接口，使同属一层的不同网络设备间能实现互操作；还保证了各层之间的相对独立；高层协议可运行在多种低层协议上，提高了网络效率，因为每次更新只需在一个层次上进行，不受整体网络的制约，所以 OSI 七层模型的出现有效刺激了网络技术革新，它是网络技术发展的原动力。

2.2 TCP/IP

TCP/IP（Transmission Control Protocol/Internet Protocol）即传输控制协议/因特网互连协议，又叫网络通信协议，是 Internet 最基本的协议，也是 Internet 国际互联网络的基础，由网络层的 IP 和传输层的 TCP 组成。TCP/IP 定义了电子设备连入因特网、数据在设备间传输的标准。协议采用了 4 层的层级结构，称为 DARPA 模型，这 4 层从上到下依次是：应用层（Application）、传输层（Transport）、网络层（Network）、链路层（又叫网络访问层，Network Access）。每一层都呼叫其下层所提供的网络来完成自己的需求。TCP 负责发现传输的问题，一旦出现问题就发出信号，要求重新传输，直到所有数据安全正确地传输到目的地。IP 则为因特网中每台计算机规定一个地址。

TCP/IP 的 4 个层次如表 2-2 所示。

表 2-2　TCP/IP 协议的四个层次

TCP/IP 协议层次	对应网络协议
应用层	Telnet、FTP 和 E-mail 等
传输层	TCP 和 UDP
网络层	IP、ICMP 和 IGMP
链路层	设备驱动程序及接口卡

1. 应用层

应用层协议专门为用户提供应用服务，它建立在网络层协议之上，包含所有与应用程序协同工作、利用基础网络交换数据的专用数据协议。该层协议用来处理网络相关程序与其他程序间的网络通信。通过该层协议处理，数据被编码成标准协议的格式。

一些特定的程序运行在这个层上，它们为用户应用直接提供服务支持。这些程序与其对应的协议包括 HTTP（万维网服务）、FTP（文件传输）、SMTP（电子邮件）、SSH（安全远程登录）、DNS（域名系统）及许多其他协议。

从应用程序传来的数据一旦被编码成一个标准的应用层协议，它将被传送到 IP 栈的下一层。

2. 传输层

传输层主要提供应用程序间通信的协议，它负责两部分工作：格式化信息流和提供可靠传输。它能够解决诸如端到端可靠性和确保数据按照正确顺序到达之类的问题。在 TCP/IP 协议簇中，传输协议也包含数据应送达的目的地站点信息。

传输层协议主要有 TCP（Transmission Control Protocol，传输控制协议）和 UDP（User Datagram Protocol，用户数据报协议）。

3. 网络层

网络层主要负责单一网络上的数据通信，其主要功能包括三方面：第一，处理来自传输层的分组发送请求，收到请求后，将分组装入 IP 数据报，填充报头，选择去往信宿机的路径，然后将数据报发往适当的网络接口；第二，处理输入数据报，首先检查其合法性，然后进行寻径——若该数据报已到达信宿机，则去掉报头，将其余部分交给适当的传输协议，若该数据报尚未到达信宿，则转发该数据报；第三，处理路径、流控、拥塞等问题。

网络层包括 IP（Internet Protocol，因特网互连协议）、ICMP（Internet Control Message

Protocol，因特网控制报文协议)、ARP (Address Resolution Protocol，地址转换协议)、RARP (Reverse ARP，反向地址转换协议)。

IP 是网络层的核心，通过路由选择将下一站路由器 IP 封装后交给接口层。IP 数据报是无连接服务。

一些 IP 承载的协议，如 ICMP（用来发送关于 IP 发送的诊断信息）和 IGMP（用来管理多播数据），位于 IP 层之上但是却可以完成网络层的功能，这表明了因特网和 OSI 模型之间的不兼容性。

4. 链路层

链路层又称为网络访问层，主要负责接收 IP 数据报并通过网络发送它，或从网络上接收物理帧，抽出 IP 数据报，交给 IP 层。实际上它并不是因特网协议簇中的一部分，但它是数据包从一个设备的网络层传输到另外一个设备的网络层的方法，可在网卡的软件驱动程序中控制该过程。

常见的链路层协议有 Ethernet 802.3、Token Ring 802.5、X.25、Frame Relay、HDLC、PPP、ATM 等。

2.3 UDP

UDP（User Datagram Protocol）即用户数据报协议，其主要作用是将网络数据流量压缩成数据报形式，提供面向事务的简单信息传送服务。UDP 提供面向无连接的、不可靠的数据报投递服务。当使用 UDP 传输信息流时，用户应用程序必须负责解决数据报丢失、重复、排序及差错确认等问题。

UDP 的主要特征如下。

（1）UDP 传送数据前并不与对方建立连接，即 UDP 是无连接的。在传输数据前，发送方和接收方相互交换信息使双方同步。

（2）UDP 不对收到的数据进行排序，UDP 报文首部并没有关于数据顺序的信息，而且报文不一定按顺序到达，所以接收端无法排序。

（3）UDP 对接收到的数据报不发送确认信号，发送端不知道数据是否被正确接收，也不会重发数据。

（4）UDP 传送数据比 TCP 速度快，系统开销也小。

UDP 比较简单，UDP 头包含了源端口、目的端口、消息长度和校验和等很少的字节。由于 UDP 比 TCP 简单、灵活，常用于少量数据的传输，如域名系统（DNS）及简单文件传输系统（TFTP）等。TCP 则适用于对可靠性要求高，但对实时性要求不高的应用，如文件传输协议 FTP、超文本传输协议 HTTP、简单邮件传输协议 SMTP 等。

2.4 IP

IP 是 TCP/IP 协议簇中的心脏,也是网络层中最重要的协议。在因特网中,它是能使连接到网上的所有计算机实现相互通信的一套规则。所有的 TCP、UDP、ICMP 及 IGMP 数据都以 IP 数据报格式传输。IP 提供不可靠、无连接的数据报传送服务。IP 层接收由更低层(网络接口层,如以太网设备驱动程序)发来的数据包,并把该数据包发送到更高层——TCP 或 UDP 层;相反,IP 层也把从 TCP 或 UDP 层接收来的数据包传送到更低层。IP 数据包是不可靠的,因为 IP 并没有做任何事情来确认数据包是按顺序发送的或者没有被破坏。IP 数据包中含有发送它的主机的地址(源地址)和接收它的主机的地址(目的地址)。

不可靠(Unreliable)的意思是它不能保证 IP 数据报能成功地到达目的地。IP 仅提供最好的传输服务。一旦发生某种错误,如某个路由器暂时用完了缓冲区,IP 有一个简单的错误处理算法:丢弃该数据报,然后发送 ICMP 消息报给信源端。任何要求的可靠性必须由上层来提供(如 TCP)。

无连接(Connectionless)的意思是 IP 并不维护任何关于后续数据报的状态信息。每个数据报的处理是相互独立的。这也说明,IP 数据报可以不按发送顺序接收。如果单一信源向相同的信宿发送两个连续的数据报(先是 A,然后是 B),每个数据报都是独立地进行路由选择,可能选择不同的路线,因此 B 可能在 A 到达之前先到达。

高层的 TCP 和 UDP 服务在接收数据包时,通常假设包中的源地址是有效的。也可以这样说,IP 地址形成了许多服务的认证基础,这些服务相信数据包是从一个有效的主机发送过来的。IP 确认包含一个选项,称为 IP Source Routing,可以用来指定一条源地址和目的地址之间的直接路径。对于一些 TCP 和 UDP 的服务来说,使用了该选项的 IP 包好像是从路径上的最后一个系统传递过来的,而不是来自于它的真实地点。这个选项是为了测试而存在的,说明了它可以被用来欺骗系统,从而进行被禁止的连接。那么,许多依靠 IP 源地址进行确认的服务将产生问题并且会被非法入侵。

2.5 ARP

ARP 为 IP 地址到对应的硬件地址之间的连接提供动态映射。之所以用"动态"这个词是因为这个过程是自动完成的,一般应用程序用户或系统管理员不必关心其具体的操作。

在大多数的 TCP/IP 实现中,ARP 是一个基础协议,但是它的运行对于应用程序或系统管理员来说一般是透明的。ARP 高速缓存在它的运行过程中非常关键,用户可以用 ARP 命令对高速缓存进行检查和操作。高速缓存中的每一项内容都有一个定时器，利用它来删除不完整的表项。ARP 命令可以显示和修改 ARP 高速缓存中的内容。

要在网络上通信，主机就必须知道对方主机的硬件地址，地址解析就是将主机 IP 地址映射为硬件地址的过程。地址解析协议 ARP 用于获得在同一物理网络中的主机的硬件地址。

2.6 ICMP

ICMP（Internet Control Message Protocol）是 Internet 控制报文协议，它是 TCP/IP 协议簇中的一个子协议，用于在 IP 主机、路由器之间传递控制消息。控制消息是指网络是否连通、主机是否可达、路由是否可用等网络本身的消息。这些控制消息虽不传输用户数据，但对于用户数据的传递起着重要作用。

ICMP 报文通常被 IP 层或更高层协议（TCP 或 UDP）使用。一些 ICMP 报文把差错报文返回给用户进程。

ICMP 报文是在 IP 数据报内部传输的，如图 2-1 所示。

图 2-1　ICMP 封装在 IP 数据报内部

ICMP 数据包结构如图 2-2 所示。

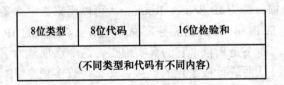

图 2-2　ICMP 报文

类型：一个 8 位类型字段，表示 ICMP 数据包类型。

代码：一个 8 位代码域，表示指定类型中的一个功能。如果一个类型中只有一种功能，代码域置为 0。

检验和：数据包中 ICMP 部分中的一个 16 位检验和。

指定类型的数据随每个 ICMP 类型变化有一个附加数据。

【小结】　本章介绍了网络编程的各个基础协议，详细介绍了 OSI 七层模型和 TCP/IP 的分层模型，并讨论了每层与之关联的协议和相邻层之间的联系。介绍了 TCP 和 UDP 之间的区别：UDP 提供面向无连接的、不可靠的数据报投递服务，而 TCP 是面向连接（连接导向）的、可靠的、基于字节流的传输层（Transport Layer）通信协议。

本章还讨论了 TCP/IP 协议簇的核心——IP 协议，所有 TCP、UDP、ICMP 及 IGMP 数据都以 IP 数据报格式传输。IP 协议提供不可靠、无连接的数据报传送服务。

最后，分析了 ARP 和 ICMP 在 TCP/IP 协议簇中的重要性及其详细功能。

习题 2

1．简述 OSI 七层协议。
2．简述 TCP/IP 的原理。
3．简述 UDP 的原理。

第 3 章　网络游戏服务器端开发及优化

上一章节主要对网络协议进行详细的说明，在了解协议的基础上，本章对网络游戏服务器开发所使用的套接字技术进行详细说明，并且给出 TCP、UDP、广播的实例，提出服务器端基本的优化方法。

3.1　UNIX 套接字介绍

网络游戏服务器端开发的传输层采用 Socket 接口来实现，这样避免了开发人员直接面对复杂的网络协议，又具有一定的灵活性，可以在 Socket 底层上构架自己的传输协议。同时也可以实现跨协议的开发。Socket 最早是在 UNIX 操作系统中开发的，主要作用是为 TCP/IP 提供编程所使用的接口。由于 Socket 的易用性，后来大部分操作系统都提供了 Socket 编程，它已成为 TCP/IP 编程的业界标准。

3.1.1　Socket 套接字介绍

Socket（套接字）是一种网络编程接口，一个套接字是通信的一端，Socket 用于一个进程和其他进程之间互通信息，就如同人们通过手机来与他人沟通交流。Socket 是主要的 TCP/IP 网络的 API 之一。Socket 接口定义了许多函数，开发人员可用这些函数开发 TCP/IP 网络的应用程序。网络 Socket 数据传输是一种特殊的 I/O 操作。

套接字存在于通信域中（Windows Sockets 规范支持单一的通信域，即 Internet 域），各个进程使用该域的套接字，相互之间用 Internet 协议簇来进行通信。套接字可以根据通信性质分类，该性质对于用户是可见的。在使用不同类型的套接字时，都有与其对应的监听进程。应用程序一般仅在同一类套接字间通信，不过只要底层通信协议允许，不同类型套接字之间也可以通信。

常用的套接字有 3 种类型：流式套接字（SOCK-STREAM）、数据报式套接字（SOCK-DGARM）和原始套接字（SOCK-RAW）。

流式套接字是一种面向连接的套接字，提供面向连接的 TCP 服务应用。数据报式套接字是一种无连接的套接字，提供无连接的 UDP 服务应用。原始套接字对应于无连接的 IP 服务应用。流式套接字的使用与数据报式套接字的最大不同之处在于：在使用流式套接字传输数据前，必须在数据传输的发送端和接收端之间建立连接，而在使用数据报套接字前不必建立连接。在数据传输时，如果已建立的连接被断开，会通知应用程序。

无连接的套接字的工作原理如图 3-1 所示，有连接的套接字的工作原理如图 3-2 所示。

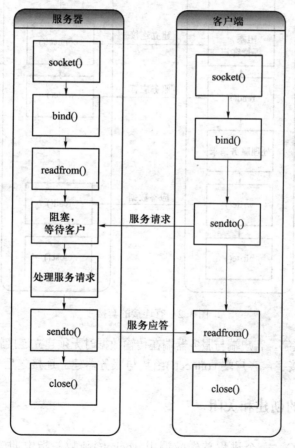

图 3-1　无连接的套接字

3.1　UNIX 套接字介绍

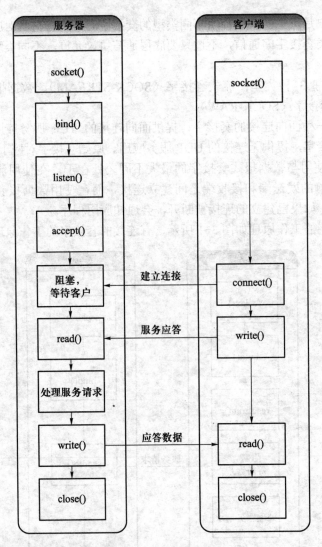

图 3-2 有连接的套接字

对于无连接的套接字，客户端与服务器端在传输数据时无须建立连接就可直接发送数据。对于有连接的套接字，客户端 connect()函数与服务器建立连接之后才能进行数据传输。

3.1.2 套接字的创建和关闭

为了执行网络 I/O，一个进程首先应调用 socket()函数，指定期望的通信协议类型（例如，通过不同的参数组合，可以得到使用 IPv4 的 TCP 和使用 IPv6 的 UDP）。

SOCKET socket(int af,int type,int protocol);

应用程序调用 socket()函数来创建一个能够进行网络通信的套接字。

第一个参数 af 指定应用程序所使用的通信协议的协议簇，对于 TCP/IP 协议簇，该参数为 AF_INET；第二个参数 type 指定要创建的套接字类型，流式套接字类型为 SOCK_STREAM，数据报式套接字类型为 SOCK_DGRAM，原始套接字为 SOCK_RAW（原始套接字可以直接在 Internet 层上处理 IP 数据包的首部，WinSock 接口并不使用某种特定的协议去封装数据包及协议首部，而是由程序自行处理）；第三个参数 protocol 指定应用程序所使用的通信协议。

若该函数调用成功，则返回新创建套接字的描述符，若失败则返回 INVALID_SOCKET。套接字描述符是一个整数类型的值。每个进程在其进程空间中都有一个套接字描述符表，该表中存放着套接字描述符和套接字数据结构的对应关系。该表中有一个字段用于存放新创建的套接字的描述符，另一个字段用于存放套接字数据结构的地址，因此根据套接字描述符就可以在操作系统的内核缓冲中找到其对应的套接字的数据结构。

下面是一个创建流套接字的例子：

SOCKET ListenSocket=socket(PF_INET,SOCK_STREAM, 0);

在 UNIX 中，close()函数用来关闭套接字：

int close(int fd);

返回值：若成功，则返回 0；若出错，则返回-1 并设置 errno。

用参数 fd 指定要关闭的文件描述符。需要说明的是，当一个进程终止时，内核自动调用 close()函数关闭该进程所有尚未关闭的文件描述符。因此，在调用 close()函数后，即使用户程序未调用 close()函数，内核也会自动关闭它所打开的所有文件。需要注意的是：对于一个长年累月运行的程序（如网络服务器），一定要记住关闭所打开的文件描述符，否则随着所打开的文件越来越多，会占用大量文件描述符和系统资源。

3.1.3 连接处理

connect()函数通常用于在客户端创建 TCP 连接：

int connect (int sockfd,struct sockaddr * serv_addr,int addrlen);

其中，参数 sockfd 用于标识一个套接字，serv_addr 用于指明套接字要连接的主机地址和端口号，addrlen 表明 name 缓冲区的长度。

返回值：若成功，则返回 0；若失败，则返回-1，错误原因存于 errno 中。

客户端在建立与服务器端的连接过程中，首先通过 socket()函数建立连接套接字，然后通过 bind()函数绑定本地地址、本地端口，绑定操作可以不指定。

对于 UDP，若未指定绑定操作，可通过 connect 操作由内核负责套接字的绑定。若

connect()函数也未指定绑定操作，那么只能通过套接字的写操作（sendto、sendmsg）来指定目的地址、端口，这时套接字的本地地址不会被指定为通配地址，而本地端口由内核指定，第一次 sendto 操作后，插口的本地端口经内核指定之后就不会再更改。

对于 TCP，若未指定绑定操作，可通过 connect 操作来由内核负责套接字的绑定操作。内核会根据套接字中的目的地址来判断外出接口，然后指定该外出接口的 IP 地址为插口的本地地址。connect 操作对于 TCP 的客户端是必不可少的，必须指定。

connect 是套接字连接操作，connect 操作成功后表明对应的套接字与目的主机已连接，UDP 在创建套接字后可与多个服务器端建立通信，而 TCP 只能与一个服务器端建立通信，TCP 不允许目的地址是广播或多播地址，而 UDP 允许。当然 UDP 也可以像 TCP 一样，通过 connect 操作来指定对方的 IP 地址、端口。UDP 经过 connect 操作后，在通过 sendto 操作发送数据报时不需要指定目的地址、端口，若指定了目的地址、端口，那么会返回错误信息。通过 UDP 可给同一个套接字指定多次 connect 操作，而 TCP 不可以，TCP 只能指定一次 connect 操作。UDP 指定第二次 connect 操作后会先断开第一次连接，然后再建立第二次连接。

connect 操作使用非阻塞模式，该模式有三种用途。

（1）三次握手（建立连接时）同时做其他处理。connect 操作需要一个往返时间来完成，从几毫秒的局域网到几百毫秒或几秒的广域网。使用非阻塞模式可以利用这段时间同时处理其他任务，如数据准备、预处理等。

（2）通过采用非阻塞模式可以同时建立多个连接，这在 Web 浏览器中很普遍。

（3）由于程序用 select（多路复用）等待连接完成，可以设置一个 select 等待时间限制，从而缩短 connect 操作超时时间。多数实现中，connect 操作的超时时间在 75 秒到几分钟之间。有时程序希望在等待一定时间内结束，使用非阻塞 connect 操作可以防止阻塞 75 秒，在多线程网络编程中，尤其必要。例如，有一个通过建立线程与其他主机进行 Socket 通信的应用程序，如果建立的线程使用阻塞 connect 操作与远程通信，当有几百个线程并发的时候，由于网络延迟而全部阻塞，阻塞的线程不会释放系统的资源，同一时刻阻塞线程超过一定数量时，系统就不再允许建立新的线程（每个进程由于进程空间的原因能产生的线程有限），如果使用非阻塞的 connect 操作，连接失败使用 select 等待很短时间，如果还没有连接，线程立刻结束释放资源，防止大量线程阻塞而使程序崩溃。

3.1.4 select()函数

阻塞方式 block，就是进程或线程执行到这些函数时必须等待某个事件的发生，如果该事件未发生，进程或线程就会被阻塞，函数不能立即返回。使用 select()函数可完成非阻塞，即进程或线程执行此函数时不必等待某事件的发生，一旦执行必定返回一个值，以返回值的不同来反映函数的执行情况，若事件发生则与阻塞方式相同，若事件未发生则返回一个代码来告知事件未发生，而进程或线程继续执行，故效率较高。select()函数能够监视需要监视的文件描述符的变化情况。

1. 两个结构体

（1）struct fd_set 用于存放文件描述符（File Descriptor），即文件句柄的聚合，实际上是一个 long 类型的数组，每个数组元素都能与一个打开的文件句柄（不管是 Socket 句柄，还是其他文件或命名管道或设备句柄）建立联系，建立联系的工作由程序员完成。

FD_ZERO(fd_set *fdset)：清空 fdset 与所有文件句柄的联系。

FD_SET(int fd, fd_set *fdset)：建立文件句柄 fd 与 fdset 的联系。

FD_CLR(int fd, fd_set *fdset)：清除文件句柄 fd 与 fdset 的联系。

FD_ISSET(int fd, fdset *fdset)：用来检测指定的文件描述符是否在该集合中，如果 fd 在 fdset 中，则返回真，否则返回假。

（2）struct timeval 用于表示时间值，它有两个成员，一个是秒数 tv_sec，另一个是毫秒数 tv_usec。

2. select()函数原型

int select(int nfds, fd_set *rdfds, fd_set *wtfds, fd_set *exfds, struct timeval *timeout)

ndfs：select()函数中监视的文件句柄数，一般设为要监视的文件中的最大文件号加 1。

rdfds：select()函数监视的可读文件句柄集合，当 rdfds 映像的文件句柄状态变成可读时，系统通知 select()函数返回。只要这个集合中有一个文件可读，select 函数就会返回一个大于 0 的值，表示有文件可读，若无可读文件，则根据参数 timeout 判断是否超时，若超出参数 timeout 的时间，select()函数返回 0，若发生错误，返回负值。可为参数 timeout 赋 NULL 值，表示不关心任何文件的读变化。

wtfds：select()函数监视的可写文件句柄集合，当 wtfds 映像的文件句柄状态变成可写时系统通知 select()函数返回。只要这个集合中有一个文件可写，select()函数就会返回一个大于 0 的值，表示有文件可写，若无可写文件，则根据参数 timeout 判断是否超时，若超出 timeout 的时间，select()函数返回 0，若发生错误，返回负值，可为参数 timeout 赋 NULL 值，表示不关心任何文件的写变化。

exfds：select()函数监视的异常文件句柄集合，当 exfds 映像的文件句柄上有特殊情况发生时，系统会通知select()函数返回。

timeout：指定 select()函数的超时时间。该参数使 select()函数处于三种状态：第一，若为 timeout 赋 NULL 值，即不传入时间结构，则将 select()函数置于阻塞状态，一定要等到监视文件描述符集合中某个文件描述符发生变化为止；第二，若将 timeout 的值设为 0 秒 0 毫秒，则变成一个纯粹的非阻塞函数，不管文件描述符是否有变化，都立刻返回继续执行，文件无变化则返回 0，有变化则返回一个正值；第三，若 timeout 的值大于 0，则为等待的超时时间，即 select()函数在 timeout 时间内阻塞，超时时间之内有事件到达则返回，否则在超时后一定返回，返回值同上。

若返回值为负值，说明 select()函数错误；若返回值为 0，说明等待超时，没有可读写或错误的文件；若返回值为正值，说明某些文件可读可写或出错。

下面是一个有 3 个套接字句柄的例子。

```
int sa, sb, sc;sa = socket(…);
connect(sa,…);
sb = socket(…);
connect(sb,…);
sc = socket(…);
connect(sc,…);
FD_SET(sa, &rdfds);/* 分别把 3 个句柄加入读监视集合中 */
FD_SET(sb, &rdfds);
FD_SET(sc, &rdfds);
int maxfd = 0;
if(sa > maxfd)
        maxfd = sa;/* 获取 3 个句柄的最大值 */
if(sb > maxfd)
        maxfd = sb;
if(sc > maxfd)
        maxfd = sc;
struct timeval tv;tv.tv_sec = …;
tv.tv_usec = …;
ret = select(maxfd + 1, &rdfds, NULL, NULL, &tv); /* 注意是最大值加 1 */
if(ret < 0)
{
     perror("select");          /* select()函数出错 */
}else if(ret == 0)
{
     printf("超时\n");          /* 在设定的 tv 时间内，socket()函数的状态没有发生变化 */
}else
{
     printf("ret=%d\n", ret);
if(FD_ISSET(sa, &rdfds))      /* 先判断被监视的句柄 sa 是否真的变成可读的*/
{
```

```
            recv(…); /* 读取 socket 句柄里的数据 */
        }
        …
    }
```

3.2 Windows Socket 介绍

　　Windows Socket 是 Windows 操作系统下的一种网络编程接口。Windows Socket 支持多种网络协议，并得到广泛应用。从 Windows Socket 的出现到 Windows Socket2 的完善历时多年时间，得到了包括 Intel、Microsoft 公司在内的世界各大计算机公司的支持。现在 Windows Socket 已成为软件开发人员共同遵守的 Windows 网络编程规范。Windows Socket 主要是以 UNIX 套接字规范为基础，在 Windows 上重新定义了一套新的网络编程接口。Windows Socket 函数的风格与伯克利套接字的风格非常相似，使熟悉 UNIX 套接字编程的程序员能很快适应 Windows Socket 编程。Windows Socket 还扩展了 UNIX 套接字，使得程序员可利用 Windows 的特性进行网络编程。

1. Windows Socket 的发展

　　Windows Socket 规范是以美国加州大学伯克利分校 BSD UNIX 中通用的 Socket 接口为范例所定义的一套 Microsoft Windows 网络编程接口。它不仅包含了人们所熟悉的 Berkeley Socket 风格的库函数，还包含了一组针对 Windows 的扩展库函数，以使程序员能充分地利用 Windows 消息驱动机制进行编程。

　　定义 Windows Socket 规范的本意是为应用程序开发者提供一套简单的、各网络软件供应商共同遵守的 API。此外，在特定版本的 Windows 基础上，Windows Socket 也定义了一个二进制接口（ABI），以此来保证使用 Windows Socket API 的应用程序能够在符合 Windows Socket 协议的平台上工作。因此此规范定义了一套库函数调用和相关语义，可由网络软件供应商实现，提供给应用程序开发者使用。

　　凡是遵守这套 Windows Socket 规范的网络软件，均视为"与 Windows Socket 兼容"，而与 Windows Socket 兼容实现的提供者，则被称为"Windows Socket 提供者"。一个网络软件供应商必须百分之百地实现 Windows Socket 规范，才能做到与 Windows Socket 兼容。

　　任何能够与 Windows Socket 兼容实现协同工作的应用程序都被认为是具有 Windows Socket 接口，这种应用程序被称为 Windows Socket 应用程序。

2. Windows Socket 版本

　　Windows 网络编程的规范——Windows Socket 是 Windows 上广泛应用的、开放的、支持多种协议的网络编程接口。从 1991 年的 1.0 版到 1995 年的 2.0.8 版，经过不断完善并在

Intel、Microsoft、Sun、SGI、Informix、Novell 等公司的全力支持下，已成为 Windows 网络编程的事实上的标准。

3. 套接字描述

为了更好地说明套接字编程原理，下面列出几种基本的套接字常用方法，后续还会给出更详细的使用说明。

（1）创建套接字——socket()。

功能：使用前创建一个新的套接字。

格式：SOCKET PASCAL FAR socket(int af,int type,int procotol);

参数：af 表示通信发生的区域。

type 表示要建立的套接字类型。

procotol 表示所使用的特定协议。

（2）指定本地地址——bind()。

功能：将套接字地址与所创建的套接字号联系起来。

格式：int PASCAL FAR bind(SOCKET s,const struct sockaddr FAR * name,int namelen);

参数：s 是由 socket()调用返回的并且未作连接的套接字描述符（套接字号）。

如果没有出错，bind()返回 0，否则返回 SOCKET_ERROR。

地址结构说明：

struct sockaddr_in
{
    short sin_family;   //AF_INET
    u_short sin_port;   //16 位端口号，网络字节顺序
    struct in_addr sin_addr;   //32 位 IP 地址，网络字节顺序
    char sin_zero[8];   //保留
}

（3）建立套接字连接——connect()和 accept()。

功能：共同完成连接工作。

格式：int PASCAL FAR connect(SOCKET s,const struct sockaddr FAR * name,int namelen);

SOCKET PASCAL FAR accept(SOCKET s,struct sockaddr FAR * name,int FAR * addrlen);

参数：同上。

（4）监听连接——listen()。

功能：用于面向连接服务器，表明它愿意接收连接。

格式：int PASCAL FAR listen(SOCKET s, int backlog);

（5）数据传输——send()与 recv()。

功能：数据的发送与接收。

格式：int PASCAL FAR send(SOCKET s,const char FAR * buf,int len,int flags);
int PASCAL FAR recv(SOCKET s,const char FAR * buf,int len,int flags);
参数：buf 为指向存有传输数据的缓冲区的指针。

(6) 多路复用——select()。
功能：用来检测一个或多个套接字状态。
格式：int PASCAL FAR select(int nfds,fd_set FAR * readfds,fd_set FAR * writefds,
fd_set FAR * exceptfds,const struct timeval FAR * timeout);
参数：readfds 为指向要进行读检测的指针。
writefds 为指向要进行写检测的指针。
exceptfds 为指向要检测是否出错的指针。
timeout 为最大等待时间。

(7) 关闭套接字——closesocket()。
功能：关闭套接字 s。
格式：BOOL PASCAL FAR closesocket(SOCKET s);

4. 连接请求

Windows Socket 不鼓励用户使用阻塞方式传输数据，因为那样可能会阻塞整个环境。以下讨论均以异步数据传输为实例。

Windows Socket 类异步请求服务函数是 WSAAsyncGerXByY()，该函数是阻塞请求函数的异步版本。应用程序调用它时，由 Windows Sockets DLL 初始化该操作并返回调用者，此函数返回一个异步句柄，用来标识这个操作。结果存储在调用者提供的缓冲区中，并且发送一个消息到应用程序相应窗口，函数结构如下：

HANDLE taskHnd;
char hostname="rs6000";
taskHnd = WSAAsyncBetHostByName(hWnd,wMsg,hostname,buf,buflen);

需要注意的是，由于 Windows 内存对象可以设置为可移动和可丢弃，因此在操作内存对象时，必须保证对象是 Windows Sockets DLL 可用的。

5. 数据传送

Windows Socket 中可使用 send()或者 sendto()函数发送数据，使用 recv()或 recvfrom()函数接收数据。

以下为一个异步数据传输实例。

假设套接字 s 在连接建立后，已使用函数 WSAAsyncSelect()在其上注册了网络事件 FD_READ 和 FD_WRITE，并且 wMsg 的值为 UM_SOCK，那么可以在 Windows 消息循环 switch 中增加如下分支语句：

case:UM_SOCK;

```c
switch(lparam)
{
    case:FD_READ;
        len = recv(wparam,lpBUffer,length,0);
    break;
    case:FD_WRITE;
        while(send(wparam,lpBUffer,len,0)!=SOCKET_ERROR)
    break;
}
break;
```

3.3 TCP 实例

下面的程序展示一段基于 TCP 的 Socket 接口开发实例。

==================TCPServer.c==================

服务器端：

```c
/*********************************************
*TCP 服务器端步骤：
*创建套接字   socket()
*绑定套接字   bind()   --> listen()
*设置套接字为监听模式，进入被动接受连接请求状态
*接受请求，建立连接 recv()
*读写数据   send()
*终止连接   close()
*********************************************/
#include <stdio.h>
#include <stdlib.h>
#include <errno.h>
#include <string.h>
#include <netinet/in.h>
#include <sys/socket.h>
int main()
{
```

```c
    int sockfd, new_fd;
    int sin_size, numbytes;
    struct sockaddr_in addr, cliaddr;
    socklen_t addr_len;
/***************************************************************
* 建立一个 TCP/IP Server 连接，并取得装置描述
***************************************************************/
if((sockfd = socket(AF_INET, SOCK_STREAM, 0)) < 0)
{
    perror("createSocket");
    return -1;
}
/***************************************************************
* 初始化 sockadd_in 结构
***************************************************************/
memset(&addr, 0, sizeof(addr));
addr.sin_family = AF_INET;
addr.sin_port = htons(15800);
addr.sin_addr.s_addr = htonl(INADDR_ANY);
//绑定套接口
if(bind(sockfd,(struct sockaddr *)&addr,sizeof(struct sockaddr)) == -1)
{
    perror("bind");
    return -1;
}
//创建监听套接口
if(listen(sockfd,10) == -1)
{
    perror("listen");
    return -1;
}
char buff[1024];
//等待连接
while(1) {
```

```
sin_size = sizeof(struct sockaddr_in);
perror("server is run");
//如果建立连接，将产生一个全新的套接字
if((new_fd = accept(sockfd,(struct sockaddr *)&cliaddr,&sin_size)) == -1)
{
perror("accept");
return -1;
}
//生成一个子进程来完成和客户端的会话，父进程继续监听
if(!fork())
{
//读取客户端发来的信息
while(1)
{
memset(buff,0,sizeof(buff));
if((numbytes = recv(new_fd,buff,sizeof(buff),0)) == -1)
{
perror("recv");
return -1;
}
printf("buff=%s\n",buff);
//将从客户端接收到的信息再发回客户端
if(send(new_fd,buff,strlen(buff),0) == -1)
perror("send");
}
close(new_fd);
return 0;
}
close(new_fd);
}
close(sockfd);
}
```

==================TCPClient.c==================

客户端:
/******************************
*TCP 客户端步骤：
*创建套接字 socket()
*与远程服务程序连接 connect()
*读、写数据 recv(),send()
*终止连接 close()
******************************/
#include <stdio.h>
#include <stdlib.h>
#include <errno.h>
#include <string.h>
#include <netdb.h>
#include <sys/types.h>
#include <netinet/in.h>
#include <sys/socket.h>

int main(int argc,char *argv[])
{
if(argc!=2)
{
printf("%s: IPAddress\n",argv[0]);
return ;
}
int sockfd,numbytes;
char buf[100];
struct hostent *he;
struct sockaddr_in their_addr;int i = 0;
//将基本名字和地址转换
he = gethostbyname(argv[1]);
//建立一个 TCP 套接口
if((sockfd = socket(AF_INET,SOCK_STREAM,0)) == −1)
{
perror("socket");

```c
exit(1);
}
//初始化结构体，连接到服务器的对应端口
their_addr.sin_family = AF_INET;
their_addr.sin_port = htons(15800);
their_addr.sin_addr = *((struct in_addr *)he->h_addr);
bzero(&(their_addr.sin_zero),8);
//和服务器建立连接
if(connect(sockfd,(struct sockaddr *)&their_addr,sizeof(struct sockaddr)) == -1)
{
perror("connect");
exit(1);
}
//向服务器发送字符串
while(1)
{
scanf("%s",&buf);
if(send(sockfd,buf,strlen(buf),0) == -1)
{
perror("send");
exit(1);
}
memset(buf,0,sizeof(buf));
//接收从服务器返回的信息
if((numbytes = recv(sockfd,buf,100,0)) == -1)
{
perror("recv");
exit(1);
}
buf[numbytes] = '\0';
printf("result:%s\n",buf);
}
close(sockfd);
return 0;
}
```

3.4 UDP 实例

下面的程序展示一段基于 UDP 的 Socket 接口开发实例。
==================UDPServer.c==================
服务器端：
```
/*******************************
*服务器端实现步骤：
*建立 UDP 套接字  socket()
*绑定套接字到特定地址  bind()
*等待并接收客户端信息  recvfrom()
*处理客户端请求
*发信息回客户端  sendto()
*关闭套接字  close()
********************************/
#include <stdio.h>
#include <sys/types.h>
#include <sys/socket.h>
#include <netinet/in.h>
#include <arpa/inet.h>
#define BUFSIZE 1000
int main (int argc, char *argv[])
{
  int s;
  int fd;
  int len;
  struct sockaddr_in my_addr;
  struct sockaddr_in remote_addr;
  int sin_size;
  char buf[BUFSIZE];
  memset (&my_addr, 0, sizeof (my_addr));
  my_addr.sin_family = AF_INET;
  my_addr.sin_addr.s_addr = INADDR_ANY;
```

```c
    my_addr.sin_port = htons (8000);
    if ((s = socket (PF_INET, SOCK_DGRAM, 0)) < 0)
      {
        perror ("socket");
        return 1;
      }
    if (bind (s, (struct sockaddr *) &my_addr, sizeof (struct sockaddr)) < 0)
      {
        perror ("bind");
        return 1;
      }
    sin_size = sizeof (struct sockaddr_in);
    printf ("waiting for a packet...\n");
    if ((len =
         recvfrom (s, buf, BUFSIZE, 0, (struct sockaddr *) &remote_addr,
&sin_size)) < 0)
      {
        perror ("recvfrom");
        return 1;
      }
    printf ("received packet from %s:\n", inet_ntoa (remote_addr.sin_addr));
    buf[len] = '\0';
    printf ("contents:%s\n", buf);
    close (s);
    return 0;
    return 0;
}
```

==========================UDPClient.c==========================
客户端：
/*******************************
*建立 UDP 套接字 socket()
*发送信息给服务器 sendto()
*接收来自服务器的信息 recvfrom()

*关闭套接字 close()
*********************************/
```c
#include <stdio.h>
#include <sys/types.h>
#include <sys/socket.h>
#include <netinet/in.h>
#include <arpa/inet.h>
#define BUFSIZE 1000
int  main (int argc, char *argv[])
{
  int s;
  int len;
  struct sockaddr_in remote_addr;
  int sin_size;
  char buf[BUFSIZE];
  memset (&remote_addr, 0, sizeof (remote_addr));
  remote_addr.sin_family = AF_INET;
  remote_addr.sin_addr.s_addr = inet_addr ("192.168.127.135");
  remote_addr.sin_port = htons (8000);
  if ((s = socket (PF_INET, SOCK_DGRAM, 0)) < 0)
    {
      perror ("socket");
      return 1;
    }
  strcpy (buf, "This is a test message");
  printf ("sending:%s\n", buf);
  sin_size = sizeof (struct sockaddr_in);
  if ((len =
       sendto (s, buf, strlen (buf), 0, (struct sockaddr *) &remote_addr,
       sizeof (struct sockaddr))) < 0)
    {
      perror ("recvfrom");
      return 1;
    }
```

3.4 UDP 实例

```
    close (s);
    return 0;
}
```

3.5 广播实例

3.4 节中提供的服务器端代码亦可作为广播实例的服务端代码,而客户端代码如下:
```
#include <sys/types.h>
#include <sys/socket.h>
#include <string.h>
#include <netinet/in.h>
#include <stdio.h>
#include <stdlib.h>
#include <error.h>
#define SERV_PORT 15811
#define MAXLINE 100
int main(int argc, char **argv)
{
    int sockfd,so_broadcast;
    struct sockaddr_in servaddr;
    if( argc!=2 )
    perror("usage:udpclient<IPaddress>");
    bzero(&servaddr, sizeof(servaddr));
    servaddr.sin_family = AF_INET;
    servaddr.sin_port = htons(SERV_PORT);
    char sendline[MAXLINE];
    char recvline[MAXLINE];
    sockfd = socket(AF_INET, SOCK_DGRAM, 0);
    //设置广播属性
    if (setsockopt(sockfd, SOL_SOCKET, SO_BROADCAST, &so_broadcast, sizeof(so_broadcast)))
    {
        perror("setsockopt");
        return ;
```

```
}
if (sockfd == -1)
{
perror("socket");
return ;
}
while(fgets(sendline, MAXLINE,stdin)!=NULL)
{
//指定发送的 IP（如 192.168.18.255），以下两种方法皆可
inet_pton(AF_INET,argv[1],&servaddr.sin_addr);
//servaddr.sin_addr.s_addr = inet_addr(argv[1]);
sendto(sockfd,sendline,strlen(sendline),0,
      (struct sockaddr *)&servaddr,sizeof(servaddr));
memset(recvline,0,sizeof(recvline));
int n=recvfrom(sockfd,recvline,MAXLINE,0,NULL,NULL);
if(n>0)
fputs(recvline,stdout);
}
exit(0);
}
```

3.6 服务器端基本的优化方法

网络编程中服务器端的优化方法主要有以下几种。

（1）使用内容分发网络。内容分发网络（Content Delivery Network 或 Content Distribution Network，CDN）是指一种通过互联网互相连接的计算机网络系统，它能提供高效能、可扩展性及低成本的网络将内容传递给使用者。

目前，尽管光缆和光纤大大提升了传输速度，但空间距离还是会增加服务器的响应时间，毕竟传输距离长了，信号传输过程中的路由节点等因素会消耗时间，内容分发网络则可很好地解决这个问题。

CDN 由一系列分散到各个不同地理位置上的 Web 服务器组成，目的在于提高网站内容的传输速率，然后根据用户与服务器之间的空间距离来选择向用户传输内容的服务器。在传输网站静态内容时优先考虑采用此方式。一般情况下，终端用户 80%～90%的响应时间用于下载图

像、CSS、JS 等页面内容。把这部分内容分布式存放后，能有效地缩短服务器的响应时间。

CDN 的成本比较高，一般的个人网站和企业网站负担不起此费用。但是随着目标客户的扩大和业务的全球化，当网络公司发展到一定规模时，CDN 就成为实现快速响应所必需的方案了。Yahoo 就是这项技术的受益者，它把网站静态内容转移到 CDN 之后，平均节省了终端用户 20%左右的响应时间，效果比较理想。

（2）合理的缓存机制。浏览器使用缓存降低 HTTP 请求的规模和次数以加快页面的访问速率，Web 服务器在 HTTP 响应中使用 Expires 文件头告诉客户端所传输的内容需要保存多久。

（3）采用 Gzip 压缩文件内容。CDN 解决了传输距离的问题，缓存机制降低了请求的次数，而压缩传输内容则是更直接的降低响应时间的方式。Gzip 是目前最流行的也是最有效的压缩方式，另一种压缩格式 deflate 的使用范围有限，效果也稍逊一筹。使用 Gzip 压缩所有可能的文件是增加用户体验的一种简单且有效的方式。Gzip 可减少大约 70%的响应规模，目前约有 90%通过浏览器传输的内容支持 Gzip 格式。一般的 Web 服务器只压缩 HTML 文档，可以用其他辅助工具对 JS 脚本和 CSS 文件进行压缩。同时，图片和 PDF 文件已被压缩过了，故不必再采用 Gzip 进行压缩。

【小结】 这一章中简单介绍了 UNIX 网络编程和 Windows Socket 编程。给出了实现 TCP 通信和 UDP 通信以及广播的例子。

习题 3

1．什么是 Socket 套接字？
2．套接字的创建和关闭分为哪几个步骤？
3．如何描述 Windows Socket？
4．编写程序，实现简单的服务器广播。

第4章 网络游戏客户端开发

在上一章节介绍的基本的套接字基础上,本章重点讲解如何进行网络游戏客户端的开发,包含 TCP 客户端、UDP 客户端如何与其服务器端进行通信,如何制定客户端协议以及客户端协议的架构。

4.1 初始化客户端

若要在应用程序中调用某一个 Winsock API 函数,首先必须调用 WSAStartup()函数完成对 Winsock 服务的初始化,它是应用程序调用的第一个 Winsock()函数,然后方可调用其他网络编程函数。若没有先调用这个函数,就调用其他网络编程函数,则会失败,并返回一个表示失败原因的值。例如,若返回值为 WSAEFAULT,则说明有一个出错的参数,该参数目前不是一个有效的指针;若返回值为 WSASYSNOTREADY,则说明操作系统的底层还没有准备好进行网络通信。WSAStartup()函数中有一个参数可指定 Winsock 的版本号,版本号包括高位版本号和低位版本号,高位版本号表示通信所使用的次要版本,而低位版本号表示通信所使用的主要版本。由于 Winsock 是向下兼容的,在新版本的 Winsock 中仍可使用旧版本中的函数,无须修改已编写好的程序。

```
static bool InitNet()
{
    WORD      wVer = MAKEWORD(2, 2);
    WSADATA sData;
    //初始化 Winsock 服务
```

```cpp
    return WSAStartup(wVer,&sData) == 0?true:false;
}
    //然后要初始化 Windows Socket 这部分工作封装在一个名为 Init()的函数中
Virtual bool Init(const string& sIP,int iPort,int iType = enumTCP,bool bBlocking = false)
{
//已经初始化，直接返回
if(m_sSocket.IsValid())
    return true;

    m_sIP = sIP;
    m_iPort = iPort;
    m_iType = iType;
    m_bBlocking = bBlocking;

//创建套接字
    m_sSocket.Create(AF_INET,m_iType  ==  enumTCP?SOCK_STREAM:SOCK_DGRAM,
m_iType == enumTCP?IPPROTO_TCP:IPPROTO_UDP);

    if (m_sSocket.IsValid())
    {
      if (m_iType == enumTCP)
        ShowMsg("创建 TCP Socket 成功");
      else
        ShowMsg("创建 UDP Socket 成功");

      //IP 地址
      memset(&m_sSvrAddr, 0, sizeof(m_sSvrAddr));
      m_sSvrAddr.sin_family= AF_INET;
      m_sSvrAddr.sin_addr.s_addr = inet_addr(sIP.c_str());
      m_sSvrAddr.sin_port  = htons(iPort);

      if (m_iType == enumTCP)
      {
        //Socket 绑定到地址
```

```
        if(!m_sSocket.Connect(m_sSvrAddr))
    {
        ShowMsg("连接到服务器失败");
        return false;
    }
        ShowMsg("连接到服务器成功");
        }
    if (!m_bBlocking)
     {
        m_sSocket.SetBlocking(m_bBlocking);
        ShowMsg("设置非阻塞状态");
     }

        m_iState = enumRunning;

        //创建数据读线程
    DWORD dwThreadId = 0;
    m_hReadThread = CreateThread(0,0,(LPTHREAD_START_ROUTINE)ThreadRead, this,0, &dwThreadId);

        ShowMsg("创建数据读线程");
    return true;
}
        ShowMsg("创建 Socket 失败");
        return false;
}
```

在上述代码中，首先调用了 m_sSocket 的 Create()函数创建套接字，Create()函数对原有的 create 方法进行了简单地封装。

```
//创建套接字
Bool Create(int iAF = AF_INET,int iType = SOCK_STREAM,int iProtocol = IPPROTO_TCP)
{
    m_hSocket = socket(iAF,iType,iProtocol);
    //如果创建的套接字有效，则返回 true
    return m_hSocket != INVALID_SOCKET;
```

接下来要初始化 sockaddr_in（在 netinet/in.h 中定义）。

```
struct sockaddr_in {
    short  int  sin_family;        /* Address family */
    unsigned  short  int  sin_port;    /* Port number */
    struct  in_addr  sin_addr;     /* Internet address */
    unsigned  char  sin_zero[8];   /* Same size as struct sockaddr */
};
```

sin_family：用于标明协议簇，在 socket 编程中只能是 AF_INET。
sin_port：存储端口号（使用网络字节顺序）。
sin_addr：存储 IP 地址，使用 in_addr 这个数据结构。
sin_zero：是保留的空字节，可使 sockaddr 与 sockaddr_in 的数据结构保持大小相同。

当 m_iType 不同时，所做的操作也不同，其详细分析请见 4.2 节、4.3 节，接下来判断通信是否阻塞，最后开启一个新的线程负责监听服务器是否发来数据，这一部分将在 4.6 节详细讲解。

4.2　TCP 客户端与服务器端通信

4.1 节中提到：当 m_iType 不同时，所做的操作也不相同，这涉及网络编程中两个重要的概念：TCP 通信和 UDP 通信。

TCP 可提供可靠的数据传输，并在相互通信的设备或服务间保持一个虚拟的连接。当数据包接收无序、丢失或在交付期间被破坏时，TCP 负责恢复数据，它为其发送的每个数据包提供一个序号以完成数据恢复。较低的网络层会将每个数据包视为一个独立的单元，数据包可按完全不同的路径发送，即使它们是同一消息的组成部分。这种路由与网络层处理分段和重新组装数据包的方式非常相似，只是级别更高而已。

为确保正确地接收数据，TCP 要求接收方在成功收到数据时向发送方发送一个确认信息（即 ACK）。若发送方在某个时限内未收到相应的 ACK，则重新传送数据包。若网络拥塞，这种重新传送将导致重复发送数据包，但接收方可根据数据包的序号来确定它是否为重复的数据包，并在必要时丢弃它。为保证数据的可靠性，要求客户端使用 TCP 通信时必须连接服务器，4.1 节中的 Init()方法中代码如下。

```
if (m_iType == enumTCP)
{
    //Socket 绑定到地址
```

```cpp
    if(!m_sSocket.Connect(m_sSvrAddr))
    {
        ShowMsg("连接到服务器失败");
        return false;
    }
        ShowMsg("连接到服务器成功");
}
```

此代码的作用是判断使用 TCP 通信时套接字是否连接成功。以下是 connect()函数的具体实现，该函数对建立套接字连接的 connect()函数进行了封装。

```cpp
//连接主机
bool Connect(const sockaddr_in& sAddr,int iTimeout = -1)
{
    if(IsValid())
    {
        if(iTimeout <=0 )
        {
            return connect(m_hSocket,(const sockaddr *)&sAddr,sizeof(sAddr)) == 0;
        }
        else
        {
            bool bReset = false;
            if(GetBlocking())
            {
                SetBlocking(false);
                bReset = true;
            }
            bool bRet = true;
            if(connect(m_hSocket,(const sockaddr*)&sAddr,sizeof(sAddr)) == -1 && NetCommon::GetErrorCode()== WSAEWOULDBLOCK)
            {
                fd_set fdRead;
                FD_ZERO(&fdRead);
                FD_SET(m_hSocket, &fdRead);
                if(Select(&fdRead,0,0,iTimeout) > 0)
```

```cpp
        {
            if (!FD_ISSET(m_hSocket,&fdRead))
            bRet = false;
        }
    }
    if(bReset)
    SetBlocking(true);
    if(!bRet)
    closesocket(m_hSocket);
    return bRet;
    }
    }
    return false;
}
```

除了需要连接服务器外,TCP 客户端接收数据和发送数据的方法与 UDP 客户端也不相同,TCP 客户端常用于发送与接收数据的函数为 recv()和 send()。下面两段代码则是对这两个函数的封装。

```cpp
//接收 TCP 数据
SocketResult Receive(void* pData,int& iSize,int iFlags = 0)
{
    if(IsValid() && pData && iSize>0)
    {
        //调用 recv()函数
        int iRecvSize = recv(m_hSocket,(char*)pData,iSize,iFlags);
        int iErr = NetCommon::GetErrorCode();
        if(iRecvSize == 0)
        {
            iSize = 0;
            if(iErr == WSAEWOULDBLOCK)
            return NetSocket::WouldBlock;
            else
            //recv()函数在等待协议接收数据时,连接中断了
            return NetSocket::ConnectionClosed;
        }
```

```cpp
        else if (iRecvSize == -1)
        {
            iSize = 0;
            if(iErr == WSAEWOULDBLOCK)
                return NetSocket::WouldBlock;
        }
        else
        {
            iSize = iRecvSize;
            return NetSocket::Ok;
        }
    }
    return NetSocket::Error;
}
//接收 TCP 数据
SocketResult Receive(void* pData,int& iSize,int iFlags = 0)
{
    if(IsValid() && pData && iSize>0)
    {
        int iRecvSize = recv(m_hSocket,(char*)pData,iSize,iFlags);
        int iErr = NetCommon::GetErrorCode();
        if(iRecvSize == 0)
        {
            iSize = 0;
            if(iErr == WSAEWOULDBLOCK)
                return NetSocket::WouldBlock;

            return NetSocket::ConnectionClosed;
        }
        else if (iRecvSize == -1)
        {
            iSize = 0;
            if(iErr == WSAEWOULDBLOCK)
                return NetSocket::WouldBlock;
```

```
    }
    else
    {
        iSize = iRecvSize;
        return NetSocket::Ok;
    }
}
return NetSocket::Error;
}
```

4.3 UDP 客户端与服务器端通信

UDP 与 TCP 的主要区别在于 UDP 不一定提供可靠的数据传输，该协议不能保证数据准确无误地到达目的地。UDP 在许多方面非常有效，例如，当某个程序的目标是尽快地传输尽可能多的信息时（对数据准确性要求较低），则可使用 UDP 通信。此外，QQ 聊天工具亦采用 UDP 协议发送消息。

许多程序使用单独的 TCP 连接和单独的 UDP 连接，其中重要的状态信息采用可靠的 TCP 连接发送，而主数据流通过 UDP 发送。

在使用 UDP 通信协议初始化客户端时，无须先与服务器连接。UDP 通常使用 recvfrom 函数和 sendto 函数分别接收和发送数据，下面两段代码则是对这两个函数的封装。

```
//发送 UDP 数据
SocketResult SendTo(void* pData,int& iSize,const sockaddr_in& sAddr,int iFlags = 0)
{
    if(IsValid() && pData && iSize>0)
    {
        //调用 sendto 函数
        int iSendSize= sendto(m_hSocket,(char*)pData,iSize,iFlags,
            (const sockaddr*)&sAddr,sizeof(sAddr));
        if (iSendSize == -1)
        {
            //套接口被标志为非阻塞，但该调用产生阻塞时，会产生 WSAEWOULDBLOCK 错误
            if(NetCommon::GetErrorCode()== WSAEWOULDBLOCK)
            {
```

```cpp
        iSize = 0;
        return NetSocket::Ok;
    }
}
else
{
    iSize = iSendSize;
    return NetSocket::Ok;
}
}
return NetSocket::Error;
}
//接收 UDP 数据
SocketResult ReceiveFrom(void* pData,int& iSize,sockaddr_in& sAddr,int iFlags = 0)
{
if(IsValid() && pData && iSize>0)
{
    int iLen = sizeof(sAddr);
    memset(&sAddr,0,iLen);
    //调用 recvfrom 函数
    int iRecvSize
        = recvfrom(m_hSocket,(char*)pData,iSize,iFlags,(sockaddr*)&sAddr,&iLen);
    if(iRecvSize == 0)
    {
        iSize = 0;
        return NetSocket::ConnectionClosed;
    }
    else if (iRecvSize == -1)
    {
        iSize = 0;
        //套接字被标志为非阻塞，但该调用会产生阻塞
        if(NetCommon::GetErrorCode()== WSAEWOULDBLOCK)
        {
            return NetSocket::WouldBlock;
```

```
        }
    }
    else
    {
        iSize = iRecvSize;
        return NetSocket::Ok;
    }
}
return NetSocket::Error;
}
```

至此，已简单介绍了客户端采用 TCP 和 UDP 通信协议的不同处理，事实上，服务器端在采用两种不同的通信协议时，所做的操作也有很大差别。

4.4 客户端协议的定制

网络游戏中，当客户端与服务器端通信时，需要自行封装一套游戏通信协议，业界并无统一的游戏通信协议标准，不像 TCP/IP、HTTP 等这种国际通用的网际协议标准，游戏开发商为其开发的游戏定制了仅属于自己的游戏通信协议，并且不会向大众公开其网络游戏的通信协议，只会在游戏开发小组内部公开，用于编写游戏代码，因此游戏通信协议格式的制定无需太严格。在游戏中传输的数据包的封装形式多种多样，设计者可以视情况设定。通常，一个数据报文包括报文头和报文体。为方便解析数据包的含义，收、发双方为数据包定义了统一规则的报文头，报文头具有固定的格式，且长度固定。报文体则包含传输数据的内容，其长度不固定。

自行封装可使数据传送更方便，4.5 节和 4.6 节将给出一个简单的程序，其功能为：客户端在与服务器建立连接后，可登录、登出，并与服务器交互信息。因此，将制定三种协议，分别为 LoginProto 协议、MsgProto 协议和 LogoutProto 协议，这些协议都采用固定的数据格式，当收到数据时可按照事先约定的标准拆包，从而获得本次传输的数据信息和数据内容。

4.5 客户端协议的架构

由于 LoginProto 协议、MsgProto 协议和 LogoutProto 协议要完成一些共同的功能，因此将定义一个基类作为三个协议的父类，由该基类完成共同的基本功能。

```cpp
class NetProtocol
{
public:
    //构造函数
    NetProtocol(ProtoType iType = 0) : m_iType(iType)
    {
        m_iSize = GetProtoHeaderSize();
    }
    //析构函数
    virtual NetProtocol()
    {

    }

public:
    //获得数据头大小
    static int   GetProtoHeaderSize()
    {
        return sizeof(ProtoType) + sizeof(ProtoSize);
    }

public:
    //获取协议类型
    ProtoType   GetType() const
    {
        return m_iType;
    }

    //设置协议类型
    void SetType(ProtoType iType)
    {
        m_iType = iType;
    }
```

```cpp
public:
    virtual string    GetDesc() const
    {
        return "空协议";
    }

    //协议打包
    virtual bool Encode(char* pData,int iSize)
    {
        //Encode 基本数据头
        if (pData && iSize >= GetProtoHeaderSize())
        {
            char* pTmp = pData;
            memcpy(pTmp,&m_iType,sizeof(m_iType));
            pTmp += sizeof(m_iType);
            m_iSize = GetSize() - NetProtocol::GetProtoHeaderSize();
            memcpy(pTmp,&m_iSize,sizeof(m_iSize));
            pTmp += sizeof(m_iType);
            return true;
        }

        return false;
    }

    //协议解包
    virtual bool Decode(char* pData,int iSize)
    {
        //Decode 基本数据头
        if (pData && iSize >= GetProtoHeaderSize())
        {
            char* pTmp = pData;
            memcpy(&m_iType,pTmp,sizeof(m_iType));
            pTmp += sizeof(m_iType);
            memcpy(&m_iSize,pTmp,sizeof(m_iSize));
```

```cpp
            pTmp += sizeof(m_iSize);
            return true;
        }

        return false;
    }

    //子类必须重载，获取协议字节大小
    virtual ProtoSize    GetSize() const
    {
        return GetProtoHeaderSize();
    }

    //克隆协议
    virtual NetProtocol* Clone()
    {
        return new NetProtocol();
    }

protected:
    //数据包类型
    ProtoType    m_iType;
    //数据大小(去除头之外的数据长度)
    ProtoSize    m_iSize;
};
```

每一个协议均包含两个基本变量：协议类型和除数据头外的数据长度。该基类还具有解包数据头和压包数据头的功能，子类只需要重写解包或压包各自的数据即可，而不必处理数据头的解包和压包。

下面分别是实现三个协议的三段代码。

```cpp
//登录协议，数据包括用户名、密码
class LoginProto : public NetProtocol
{
public:
    LoginProto(const string& sName = "",const string& sPwd = "") : NetProtocol(PROTO_LOGIN)
```

4.5　客户端协议的架构

```cpp
    {
        strcpy_s(m_sName,NAME_LEN-1,sName.c_str());
        strcpy_s(m_sPwd,PWD_LEN-1,sPwd.c_str());
    }

    virtual string   GetDesc() const
    {
        char sDesc[1024] = {0};
        sprintf(sDesc,"登录, %s:%s",m_sName,m_sPwd);
        return sDesc;
    }
    //协议打包
    virtual bool Encode(char* pData,int iSize)
    {
        //先调用 NetProtocol::Encode 函数写入数据头
        if (NetProtocol::Encode(pData,iSize))
        {
            char* pTmp = pData + GetProtoHeaderSize();
            iSize -= GetProtoHeaderSize();
            //写入实际数据
            if (iSize >= NAME_LEN + PWD_LEN)
            {
                memcpy(pTmp,m_sName,NAME_LEN);
                pTmp += NAME_LEN;
                memcpy(pTmp,m_sPwd,PWD_LEN);
                return true;
            }
        }
        return false;
    }

    //协议解包
    virtual bool Decode(char* pData,int iSize)
    {
```

```cpp
        //Decode 基本数据头
        if (NetProtocol::Decode(pData,iSize))
        {
            char* pTmp = pData + GetProtoHeaderSize();
            iSize -= GetProtoHeaderSize();
            if (iSize >= NAME_LEN + PWD_LEN)
            {
                memcpy(m_sName,pTmp,NAME_LEN);
                pTmp += NAME_LEN;
                memcpy(m_sPwd,pTmp,PWD_LEN);
                return true;
            }
            return true;
        }
        return false;
    }
    //子类必须重载，获取协议字节大小
    virtual ProtoSize   GetSize() const
    {
        return NetProtocol::GetSize() + NAME_LEN + PWD_LEN;
    }

    virtual LoginProto* Clone()
    {
        return new LoginProto;
    }

protected:
    char m_sName[NAME_LEN];
    char m_sPwd[PWD_LEN];
};

//聊天协议
class MsgProto : public NetProtocol
```

```cpp
    {
    public:
        MsgProto(const string& sMsg = "") : NetProtocol(PROTO_MSG)
        {
            m_sMsg = sMsg;
        }

        virtual string    GetDesc() const
        {
            char sDesc[1024] = {0};
            sprintf(sDesc,"聊天, %s",m_sMsg.c_str());
            return sDesc;
        }

        //协议打包
        virtual bool    Encode(char* pData,int iSize)
        {
            //写入头文件
            if (NetProtocol::Encode(pData,iSize))
            {
                //指针指向数据包头的下一位
                char* pTmp = pData + GetProtoHeaderSize();
                iSize -= GetProtoHeaderSize();
                if (iSize >= sizeof(size_t) + m_sMsg.size())
                {
                    size_t iMsgSize = m_sMsg.size();
                    //聊天内容的长度
                    memcpy(pTmp,&iMsgSize,sizeof(iMsgSize));
                    pTmp += sizeof(iMsgSize);
                    //聊天内容
                    memcpy(pTmp,m_sMsg.c_str(),iMsgSize);
                    return true;
                }
            }
```

```cpp
        return false;
    }

//协议解包
virtual bool    Decode(char* pData,int iSize)
{
    //Decode 基本数据头
    if (NetProtocol::Decode(pData,iSize))
    {
        char* pTmp = pData + GetProtoHeaderSize();
        iSize -= GetProtoHeaderSize();
        if (iSize >= sizeof(size_t))
        {
            size_t iMsgSize = *((size_t*)pTmp);
            if (iSize >= sizeof(size_t) + iMsgSize)
            {
                pTmp += sizeof(size_t);
                m_sMsg.reserve(iMsgSize + 1);
                char* pDst = (char*)m_sMsg.c_str();
                memset(pDst,0,iMsgSize+1);
                memcpy(pDst,pTmp,iMsgSize);
                return true;
            }
        }
    }
    return false;
}

//子类必须重载，获取协议字节大小
//头的字节+聊天内容的长度+聊天内容
virtual ProtoSize    GetSize() const
{
    return NetProtocol::GetSize() + sizeof(size_t) + m_sMsg.size();
}
```

4.5 客户端协议的架构

```cpp
    virtual MsgProto* Clone()
    {
        return new MsgProto;
    }

protected:
    //聊天的消息
    string   m_sMsg;
};

//登出协议
class LogoutProto : public NetProtocol
{
public:
    LogoutProto(const string& sName = "") : NetProtocol(PROTO_LOGOUT)
    {
        strcpy_s(m_sName,NAME_LEN-1,sName.c_str());
    }

    //协议打包
    virtual bool    Encode(char* pData,int iSize)
    {
        if (NetProtocol::Encode(pData,iSize))
        {
            char* pTmp = pData + GetProtoHeaderSize();
            iSize -= GetProtoHeaderSize();
            if (iSize >= NAME_LEN)
            {
                memcpy(pTmp,m_sName,NAME_LEN);
                return true;
            }
        }
        return false;
```

```cpp
    }

    //协议解包
    virtual bool Decode(char* pData,int iSize)
    {
        //Decode 基本数据头
        if (NetProtocol::Decode(pData,iSize))
        {
            char* pTmp = pData + GetProtoHeaderSize();
            iSize -= GetProtoHeaderSize();
            if (iSize >= NAME_LEN)
            {
                memcpy(m_sName,pTmp,NAME_LEN);
                return true;
            }
            return true;
        }
        return false;
    }


    //子类必须重载，获取协议字节大小
    virtual ProtoSize    GetSize() const
    {
        return NetProtocol::GetSize() + NAME_LEN;
    }

    virtual LogoutProto* Clone()
    {
        return new LogoutProto;
    }

protected:
    //用户名
```

```cpp
    char m_sName[NAME_LEN];
};
```

三种协议各有其特点，因此只需要重载相应的父类方法即可，如此，服务器和客户端将使用协议进行通信，而不是只传送数据，这无疑会使通信更便捷。当需要扩展协议时，只需要仿照此三种协议的做法，继承父类、重载相应的方法即可。

使用协议固然可使通信更方便，但协议过多时，就需要管理这些协议。为此封装了一个NetProtocolMan类专门负责协议的管理。

```cpp
//协议管理类
class NetProtocolMan
{
public:
    typedef map<ProtoType,NetProtocol*> ProtocolMap;

public:
    NetProtocolMan()
    {
        m_mRegisterProto.clear();
    }

    ~NetProtocolMan()
    {
        ProtocolMap::iterator it = m_mRegisterProto.begin();
        for (;it!=m_mRegisterProto.end();it++)
        {
            SAFE_DELETE(it->second);
        }
        m_mRegisterProto.clear();
    }

public:
    //解包数据流为一个协议
    NetProtocol* DecodeProto(char* pData,int iSize)
    {
        //获得文件头的大小（类型+长度）
```

```cpp
        int iMinSize = NetProtocol::GetProtoHeaderSize();
        //获得协议类型
        ProtoType iPType = *((ProtoType*)pData);
        //获得数据的大小
        ProtoSize iPSize = *((ProtoSize*)(pData + sizeof(ProtoType)));
        iMinSize += iPSize;
        if (   iSize >= iMinSize && m_mRegisterProto.find(iPType)
                                != m_mRegisterProto.end()   )
        {
            //创建新的数据包并解包
            NetProtocol* pProtocol = m_mRegisterProto[iPType]->Clone();
            if (pProtocol)
            {
                //把 Decode 的数据存进 pProtocol
                if(pProtocol->Decode(pData,iSize))
                    return pProtocol;
            }
        }
        return 0;
    }
    //每种协议都调用此方法注册
    bool    Register(NetProtocol* pProtocol)
    {
        //如果已经注册过，则返回 false，如果没有注册过，则存入 map
        if ( pProtocol && m_mRegisterProto.find(pProtocol->GetType())
                                == m_mRegisterProto.end() )
        {
            m_mRegisterProto[pProtocol->GetType()] = pProtocol;
            return true;
        }
        return false;
    }
protected:
    ProtocolMap m_mRegisterProto;
```

};
//生成全局变量
extern NetProtocolMan g_ProtocolMan;
NetProtocolMan 类有一个全局变量,它用一个 map 结构来管理所有的协议,所有的协议在使用时都必须在此注册:
g_ProtocolMan.Register(new LoginProto);
g_ProtocolMan.Register(new MsgProto);
g_ProtocolMan.Register(new LogoutProto);
经此注册后,各种协议的通信都由 ProtocolMan 负责分发处理。

4.6 客户端数据的接收和发送

在 4.1 节初始化客户端时,已创建了一个线程负责监听服务器发来的数据。
```
//创建数据读线程
DWORD dwThreadId = 0;
m_hReadThread = CreateThread(0,0,(LPTHREAD_START_ROUTINE)ThreadRead,this,0,&dwThreadId);
ShowMsg("创建数据读线程");
```
该线程启动一个监听函数,代码如下。
```
//处理网络 I/O 数据
virtual int HandleRead()
{
while (m_iState != enumExit)
{
if (m_iState == enumRunning)
{
if (m_iType == enumTCP)
{
fd_set   rfds,wfds,efds;
memset(&rfds,0,sizeof(fd_set));
struct timeval tv;
tv.tv_sec = 1;
tv.tv_usec = 0;
```

第 4 章 网络游戏客户端开发

```cpp
FD_SET(m_sSocket.Handle(),&rfds);
if (select(0,&rfds,0,0,&tv) > 0)
{
ReadProtocol(m_sSocket);
}
}
else
{
ReadProtocol(m_sSocket,&m_sSvrAddr);
}
}

Sleep(SLEEP_TIME);
}
return 0;
}
```

当有数据到达时，该函数会根据所采用的通信协议是 TCP 还是 UDP 以及自定义数据协议类型来解析服务器发来的数据。

当接收或发送数据时，可使用前述三个已封装的协议处理不同的数据。下面给出读、写协议的两个方法。

```cpp
//通过已封装协议读取数据
virtual NetProtocol* ReadProtocol(NetSocket& sSock,sockaddr_in* pFrom = 0)
{
string sHeader;
int iSize = 0;
sockaddr_in sFrom;
NetProtocol* pProto = 0;
NetSocket::SocketResult eRes = NetSocket::Ok;
sHeader.reserve(NetProtocol::GetProtoHeaderSize());

if (m_iType == enumTCP)
{
//得到协议头部大小
int iRecv = NetProtocol::GetProtoHeaderSize();
```

4.6 客户端数据的接收和发送

```cpp
eRes = sSock.Receive((char*)sHeader.c_str(),iRecv);
if (eRes == NetSocket::Ok && iRecv == NetProtocol::GetProtoHeaderSize())
{
    ProtoSize iSize = *((ProtoSize*)((char*)sHeader.c_str() + sizeof(ProtoType)));
    string sData;
    sData.reserve(NetProtocol::GetProtoHeaderSize() + iSize);
    memcpy((char*)sData.c_str(),(char*)sHeader.c_str(),NetProtocol::GetProtoHeaderSize());
    iRecv = iSize;
    eRes = sSock.Receive( (char*)sData.c_str() +
                          NetProtocol::GetProtoHeaderSize(),iRecv);
    if(eRes == NetSocket::Ok)
    {
        //通过已经封装的协议解析数据
        pProto = g_ProtocolMan.DecodeProto(
        (char*)sData.c_str(),NetProtocol::GetProtoHeaderSize() + iSize);
    }
}
}
else if (m_iType == enumUDP && pFrom)
{
    char sBuf[1024] = {0};
    int iRecv = 1024;
    memset(&sFrom,0,sizeof(sFrom));
    eRes = sSock.ReceiveFrom(sBuf,iRecv,sFrom);
    if (eRes == NetSocket::Ok && iRecv >= NetProtocol::GetProtoHeaderSize())
    {
        pProto = g_ProtocolMan.DecodeProto(sBuf,iRecv);
    }
}

if(pProto)
{
    ShowProtocol(pProto,&sFrom);
}
```

```cpp
    return pProto;
}
//通过已封装协议写数据
virtual bool WriteProtocol(NetProtocol* pProtocol)
{
int iSize = 0;
NetSocket::SocketResult eRes = NetSocket::Ok;
if (m_sSocket.IsValid() && pProtocol)
{
string sData;
sData.reserve(pProtocol->GetSize());
//对用户数据进行封装
pProtocol->Encode((char*)sData.c_str(),pProtocol->GetSize());
iSize = pProtocol->GetSize();

if(m_iType == enumTCP)
eRes = m_sSocket.Send((void*)sData.c_str(),iSize);
else if(m_iType == enumUDP)
eRes = m_sSocket.SendTo((void*)sData.c_str(),iSize,m_sSvrAddr);

return eRes == NetSocket::Ok;
}

return false;
}
```

调用上述方法可完成数据的读写，即数据通信。

4.7 客户端错误信息

在网络传输过程中随时可能发生错误，因此做好错误处理在网络通信中至关重要。

网络通信中的错误包括套接字无效、连接失败、服务器异常、缓冲区溢出等，因此在实现每一个功能时都必须考虑错误处理，即使输出错误信息。

WSAGetLastError 是 Windows Socket 中非常常用的错误处理函数，若一个特定的 Windows Sockets API 函数指出已发生一个错误，则会调用该函数获得相应的错误代码。但 WSAGetLastError 函数不是万能的，它不能解决所有的错误，更多时候需要程序员根据情况自行处理。

【小结】 在本章中，通过给出一个客户端与服务器端通信的例子介绍了客户端的具体架构，包括客户端的数据发送与接收、TCP 和 UDP 的异同以及通信协议的制定。文中仅以部分代码作为例子进行说明。

习题 4

1. TCP 客户端如何与服务器端进行通信？
2. UDP 客户端如何与服务器端进行通信？
3. 客户端协议如何定制？

第 5 章　网络游戏通信模块开发

网络游戏通信模块是网络游戏服务器端开发过程中非常重要的模块。本章通过论述通信模块架构、通信模块消息机制，以及字节流等内容对网络游戏通信模块开发进行讲解。

5.1　Socket 的封装

通信模块的主要功能是实现与客户端的通信，实际上，通信模块就是对套接字 Socket 的封装。Socket 是 UNIX 操作系统上网络通信的基础，可以对一个 Socket 进行读写操作，读入的数据来自客户端，写入的数据可供客户端读取。

Socket 分为两种：阻塞套接字和无阻塞套接字。若采用无阻塞套接字，不管读写的字节数是否达到要求，每次读写后都立即返回；而对于阻塞套接字，若读写的字节数不够，函数将被阻塞，直到所有待处理的数据都处理完毕才返回。可见，若采用无阻塞套接字，则会使网络传输变得很不稳定，在网络环境不好时很难控制传输。因此，这里采用阻塞模式。

下一个需要解决的问题是何时读入数据，若在不合适的时刻从阻塞套接字读入数据，则线程很可能被阻塞，为此采用 select() 函数对 Socket 进行监视，如果 Socket 上有读事件发生，将调用消息模块发送消息给 Socket 的携带对象，对其进行读写。

以下是对 Socket 的简单封装。

```
class SSocket
{
    fd_set *SockSet;          //fd_set，也就是 select 监听集合
    char IsListenSocket;      //判断是否为监听套接字
```

```
        int ServerPort;                        //监听套接字的监听端口号
        struct sockaddr_in addr;               //地址信息
public:
    SSocket();
    ~SSocket();

    int Socket;                                //socket
                                               //初始化一个监听 Socket
    int CreateListenSocket(fd_set *sset, int Port, char* addr);
                                               //初始化一个非监听 Socket
    int AcceptSocket(int listen_fd, fd_set *sset);
                                               //关闭 Socket
    Int    CloseSocket();
    int SendBuf(void *buf, int size);          //发送数据
    int RecvBuf(void *buf, int size);          //接收数据
    int SetSocketFd();                         //将 Socket 加入到监听集合中
    int ClrSocketFD();                         //将 Socket 从监听集合中清除
};
```

在对 Socket 的封装中已完成了通信模块的基本任务。下一步要做的是传输网络上的消息，此时需要对 Socket 进行进一步的封装，首先定义一个消息结构体，然后读写消息，各个游戏中所使用的消息结构不尽相同，在此不再深入探讨。

5.2 客户端数据读入

客户端通过对 Socket 进行封装，可读入网络上的一些服务器信息，也需要从配置文件中读取一些配置信息，代码如下。

```
#include "stdafx.h"
#include "windows.h"
int _tmain(int argc, _TCHAR* argv[])
{
    // 区域服务器人数上限
    int PeopleCountMaxLimit =
    GetPrivateProfileInt("server", "PeopleCountMaxLimit", 0, ".\\config.ini");
    // 线程数量
```

```
    int ThreadCount =
    GetPrivateProfileInt("server", "ThreadCount", 0, ".\\config.ini");
    // Gateway 服务器 IP
    int GatewayServerIP =
    GetPrivateProfileInt("server", "GatewayServerIP", 0, ".\\config.ini");
    // Gateway 服务器端口
    int GatewayServerPort =
    GetPrivateProfileInt("server", "GatewayServerPort", 0, ".\\config.ini");
    // 世界服务器 IP
    int WorldServerIP =
    GetPrivateProfileInt("server", "WorldServerIP", 0, ".\\config.ini");
    // 世界服务器端口
    int WorldServerPort =
    GetPrivateProfileInt("server", "WorldServerPort", 0, ".\\config.ini");

    char serverName[64]={0};
    // 服务器名字
    GetPrivateProfileString("server", "ServerName", "server", serverName, 64, ".\\config.ini");

    return 0;
}
```

5.3 多路复用技术

在网络数据传输过程中，网卡接收和发送的仅是一串数据。例如，当网卡接收到数据，它并不知道发给哪个进程，而是由系统根据端口号把数据放到与该端口相关联的数据缓冲区中，用户可用 Socket 句柄读取此数据，因为系统在 Socket 与端口间建立了关联，使得用户操作 Socket 句柄就如同操作与之相关联的端口一样。基于此原理，不同的接收方可独立地接收发往其端口的网络数据，因此，不同端口所接收的数据是相互独立的，并且各端口可并发操作所接收的数据，此为多路复用技术。

下面利用 select()函数监听实现简单的多路复用技术，服务器端代码如下。

```
#include <sys/types.h>
#include <sys/socket.h>
```

```c
#include <stdio.h>
#include <stdlib.h>
#include <string.h>
#include <sys/time.h>
#include <sys/ioctl.h>
#include <unistd.h>
#include <netinet/in.h>
#define PORT                4321
#define MAX_QUE_CONN_NM     5
#define MAX_SOCK_FD         FD_SETSIZE
#define BUFFER_SIZE         1024

int main()
{
    struct sockaddr_in server_sockaddr, client_sockaddr;
    int sin_size, count;
    fd_set inset, tmp_inset;
    int sockfd, client_fd, fd;
    char buf[BUFFER_SIZE];

    if ((sockfd = socket(AF_INET, SOCK_STREAM, 0)) == -1)
    {
        perror("socket");
        exit(1);
    }
    server_sockaddr.sin_family = AF_INET;
    server_sockaddr.sin_port = htons(PORT);
    server_sockaddr.sin_addr.s_addr = INADDR_ANY;
    bzero(&(server_sockaddr.sin_zero), 8);

    int i = 1;
    //设置 Socket 的属性
    setsockopt(sockfd, SOL_SOCKET, SO_REUSEADDR, &i, sizeof(i));
    if (bind(sockfd, (struct sockaddr *)&server_sockaddr,
        sizeof(struct sockaddr)) == -1)
```

```c
    {
        perror("bind");
        exit(1);
    }

    if(listen(sockfd, MAX_QUE_CONN_NM) == -1)
    {
        perror("listen");
        exit(1);
    }

    printf("listening...\n");
    //清空 select 集合
    FD_ZERO(&inset);
    //将要检测的文件符加入
    FD_SET(sockfd, &inset);

    while(1)
    {
        tmp_inset = inset;
        sin_size=sizeof(struct sockaddr_in);
        memset(buf, 0, sizeof(buf));
        printf("run while...\n");
        //程序在此阻塞，select()函数返回一个文件符，并将其他文件符清空
        if (!(select(MAX_SOCK_FD, &tmp_inset, NULL, NULL, NULL) > 0))
        {
            perror("select");
            close(sockfd);
            exit(1);
        }
        printf("run for...\n");
        for (fd = 0; fd < MAX_SOCK_FD; fd++)
        {
            if (FD_ISSET(fd, &tmp_inset) > 0)
```

5.3 多路复用技术

```
            {
                printf("fd is %d ,socket is %d\n",fd,sockfd);
                if (fd == sockfd)
                {
                    if ((client_fd = accept(sockfd,
                    (struct sockaddr *)&client_sockaddr, &sin_size)) == -1)
                    {
                        perror("accept");
                        exit(1);
                    }
                    FD_SET(client_fd, &inset);
                    printf("New connection from %d(socket)\n", client_fd);
                }else{
                    if ((count = recv(fd, buf, BUFFER_SIZE, 0)) > 0)
                    {
                        printf("Received a message from %d: %s\n", fd, buf);
                    }else{
                        close(fd);
                        FD_CLR(fd, &inset);
                        printf("Client %d(socket) has left\n", fd);
                    }
                }
            } /* end of if FD_ISSET*/
        } /* end of for fd*/
    } /* end if while while*/
    close(sockfd);
    exit(0);
}
```

客户端代码如下。
```
#include <sys/types.h>
#include <sys/socket.h>
#include <stdio.h>
#include <stdlib.h>
#include <string.h>
#include <sys/ioctl.h>
```

```c
#include <unistd.h>
#include <netdb.h>
#include <netinet/in.h>

#define PORT     4321
#define BUFFER_SIZE 1024

int main(int argc, char *argv[])
{
    int sockfd, sendbytes;
    char buf[BUFFER_SIZE];
    struct hostent *host;
    struct sockaddr_in serv_addr;

    if(argc < 3)
    {
        fprintf(stderr,"USAGE: ./client Hostname(or ip address) Text\n");
        exit(1);
    }

    if ((host = gethostbyname(argv[1])) == NULL)
    {
        perror("gethostbyname");
        exit(1);
    }

    memset(buf, 0, sizeof(buf));
    sprintf(buf, "%s", argv[2]);

    if ((sockfd = socket(AF_INET,SOCK_STREAM,0)) == -1)
    {
        perror("socket");
        exit(1);
    }
```

```
serv_addr.sin_family = AF_INET;
serv_addr.sin_port = htons(PORT);
serv_addr.sin_addr = *((struct in_addr *)host->h_addr);
bzero(&(serv_addr.sin_zero), 8);

if(connect(sockfd,(struct sockaddr *)&serv_addr,
    sizeof(struct sockaddr)) == -1)
{
    perror("connect");
    exit(1);
}

if ((sendbytes = send(sockfd, buf, strlen(buf), 0)) == -1)
{
    perror("send");
    exit(1);
}

sleep(30);
close(sockfd);
exit(0);
}
```

5.4 通信模块的消息机制

对象、模块之间如何进行消息传递是服务器端设计需要解决的重点问题。例如，若玩家甲对玩家乙发送了一条信息，此消息先通过通信模块接收数据，然后用消息传递模块通知玩家乙，再由玩家乙的线程调用通信模块把消息发回本客户端，这就是消息传递模块的作用。

封装消息模块的步骤如下：创建一个 MessageBox 类，即一个堆栈，用于存放消息，其中包括 pop 方法、push 方法和一个存储消息数据结构；封装 HandleMessage 类，即实现消息模块，其中有 WaitMessage 方法，调用此方法后，线程将被阻塞，直到有消息到达。可通过无名信号量来实现，即 UNIX 下的 sem，它可通过增加或减少信号量实现互斥。在此，需要注意的是，使用 WaitMesssage 并不会造成线程阻塞。事实上，服务器端是一个被动驱动的模型，如同没有踩油门汽车就不会走一样，若没有消息驱动，服务器端则不会运行下去。

实现以上封装后，在两个对象之间发送消息则变得很简单，直接调用 SendMessage 方法即可，实现 SendMessage 也很简单，即调用 MessageBox 中的 push 方法向其中传送消息，然后令 sem 加 1，即可收到消息。

5.5 通信模块的架构与实现

图 5-1 为通信模块架构图，通信端可以通过 Socket 来获取数据，再通过已封装的协议对数据进行加工和解析便可对数据进行操作。

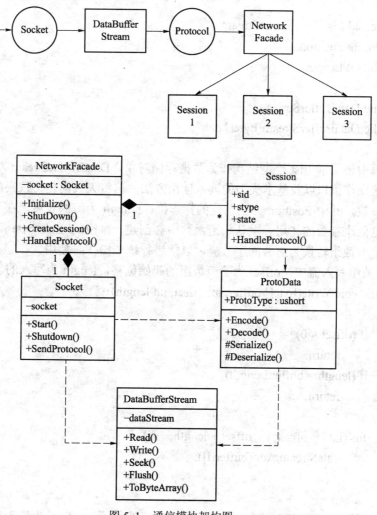

图 5-1 通信模块架构图

5.5.1 字节流

字节数组是 Socket 通信编程中最底层的数据结构，发送的所有数据均需转换为字节数组，然后通过 Socket 类提供的 send 和 write 等方法发送出去。同样，接收的所有数据也均以字节数组的形式存放，经过层层解码，转换成提供给逻辑层的数据结构。为了能方便地在常用数据结构与字节数组之间进行转换，需要封装一个字节流的类。

```
public class DataBufferStream
{
    protected List<byte> dataStream;
    public int Position;
    public int Length

    public DataBufferStream();
    public DataBufferStream(byte[] data);
}
```

上述代码中使用了 List 泛型结构作为数据存储对象，DataBufferStream 对 List 的封装中提供了统一的流操作接口以及基本类型的读入读出方法，这将大大简化协议层的代码开发。该类提供了两个参数，其中 Position 为当前流的标志位，Length 为流的长度。在下面的操作方法中将详细阐述这两个参数的作用。默认构造函数中会创建一个空的 List<byte>，第二个构造函数则将读入的字节数组转换为封装的字节流，以便进行统一操作时使用。

```
//将字节数组写入流中，offset 为字节数组的起始位移，length 为写入的长度
    public void Write(byte[] buffer, int offset, int length)
    {
        if (offset < 0)
            return;
        if (length > buffer.Length)
            return;

        for (int i = offset; i < offset + length; ++i)
            dataStream.Add(buffer[i]);
    }
```

/*从流中读出一段字节数组，同时提升当前流的位置，offset 为读入字节数组的起始位

移，length 为读出长度*/
```
public void Read(byte[] buffer, int offset, int length)
{
    if (offset < 0 || length <= 0)
        return;
    if (buffer.Length < offset + length)
        return;
    if (dataStream.Count < Position + length)
        return;

    for(int i = offset; i < offset + length; ++i)
    {
        buffer[i] = dataStream[Position++];
    }
}

//移动流的标识位，offset 为相对位移，origin 表明相对参考位置
public int Seek(int offset, SeekOrigin origin)
{
    switch(origin)
    {
        case SeekOrigin.Begin:
            Position = offset;
            break;
        case SeekOrigin.Current:
            Position += offset;
            break;
        case SeekOrigin.End:
            Position = dataStream.Count + offset;
            break;
    }
    if (Position < 0 || Position > dataStream.Count)
        return -1;
    return Position;
```

```
        }

        //移除流中的一段数据,并相应修改标识位
        public void Erase(int begin, int end)
        {
            if (begin < 0 || end > dataStream.Count || begin > end)
                return;
            dataStream.RemoveRange(begin, end - begin);
            if (begin < this.Position)
            {
                if (end < this.Position)
                    this.Position -= (end - begin + 1);
                else
                    this.Position = begin;
            }
        }

        //获取整个流的字节数组
        public byte[] ToByteArray()
        {
            return dataStream.ToArray();
        }

        //清空流中的数据
        public void Flush()
        {
            dataStream.Clear();
            Position = 0;
        }
```

上述几段代码提供了对封装的流所能进行的全部操作,包括 Write、Read、Seek、Erase 及 Flush 操作。除正常的数组操作外,还需要注意标志位 Position 的更改,读写操作的规则中规定:所有读取操作均从流的标志位开始,并在读取结束后将标志位移至所读段的段尾;所有写入操作均从流的尾端开始。如此严格的操作规则是为了符合网络数据流读写的有序性,从而减少不必要的麻烦。另外,为了增强对 DataBufferStream 操作的灵活性,又提供 Seek 方法单独

修改标志位。Flush 和 Erase 均为正常的清空和删除操作。ToByteArray 是一个实用的方法，用于发送数据时将流转换回字节数组。

```
/////////////////////////////////////////////////////////////////
//Util Writer And Reader Method
/////////////////////////////////////////////////////////////////
public void WriteBool(bool b)
{ dataStream.AddRange(BitConverter.GetBytes(b)); }
public void WriteByte(byte b) { dataStream.Add(b); }
public void WriteChar(char c)
{ dataStream.AddRange(BitConverter.GetBytes(c)); }
public void WriteShort(short s)
{ dataStream.AddRange(BitConverter.GetBytes(s)); }
public void WriteInt(int i)
{ dataStream.AddRange(BitConverter.GetBytes(i)); }
public void WriteFloat(float f)
{ dataStream.AddRange(BitConverter.GetBytes(f)); }

public bool ReadBool()
{
    byte[] b = new byte[1];
    Read(b, 0, 1);
    return BitConverter.ToBoolean(b, 0);
}
public int ReadInt()
{
    byte[] temp = new byte[4];
    Read(temp, 0, 4);
    return BitConverter.ToInt32(temp, 0);
}
```

上面列出的是针对内置类型数据的读写方法，读者可根据实际需要编写针对其余数据类型的读写方法，在此不作赘述。注意：在读取数据时，首先使用该类提供的 Read 方法将数据读取到临时数组中，然后通过 .Net 提供的 BitConverter 类进行转换，如此可保持读取方法规则的一致性，虽然在效率上会有些损失，但不会发生读取错误的问题。读者若使用 C++编程，还需要自行编写类似 BitConverter 的类，此为基本的数据结构编程，由于与网络无关，在此不再赘述。

5.5.2 协议基类

对字节流封装后，则不必再考虑读写规则、基本数据类型与字节数组互相转换等问题。然而仅可读写基本数据类型是不够的，因为并不知道所读入的一组字节数组中包含了哪些基本数据。例如，一个 4 Byte 的数据包可能是一个 int 型数据，也可能是一个 float 型数据。同时，也不知道应如何处理所得到的数据，例如，读入了 3 个 float 型数据，它是玩家当前的世界坐标，还是玩家当前的速度？因此在传输数据时往往将一组数据打包成协议。

从逻辑层来看，协议是一个复合的数据结构，它包括一个协议头和数据实体，其中协议头中包含协议的 ID、协议的处理方式、协议的字节长度（用于从字节流中取出协议的校验码）。从通信层来看，由于所有协议头具有固定长度，因此可先读取协议头，根据头中标识的协议长度将整个协议从字节流中提取出来，并根据协议头中的协议 ID 调用相应的方法将该协议所对应的字节流中的数据读出。

协议基类中所应包含的参数和方法如下。

```
public abstract class ProtoData
{
    protected ushort dataType;

    public ushort DataType
    {
        get { return dataType; }
        protected set { dataType = value; }
    }

    public ProtoData(ushort type)
    {
        dataType = type;
    }

    protected abstract void Serialize(DataBufferStream encodeStream);
    protected abstract void Deserialize(DataBufferStream dataStream);
    public bool Encode(Stream os){…}

    public bool Decode(DataBufferStream rs) {…}
```

```csharp
        internal static Int32 GetProtoHeaderSize()
        {
            return sizeof(ushort) + sizeof(ushort) + sizeof(uint);
        }

        static uint CalcCrc(byte[] data){…}
}
```

这里定义了一个不包含任何具体数据的抽象基类 ProtoData，该类中仅有一个成员 dataType，即协议的 ID。协议头中的其余两个标识为协议字节长度和校验码，均在调用 Encode 方法时临时计算得到。任何由此派生的协议均需要实现两个抽象方法：Serialize 和 Deserialize，这两个方法会分别被 Encode 方法和 Decode 方法调用，用于读出和写入协议包中的实体数据。

CalcCrc 是类方法，用于计算一段字节数组的校验码，由于与本节内容无关，故未给出实现它的详细代码，读者可根据需要自行定义编码规则并实现。

Encode 和 Decode 是 ProtoData 类的核心读写方法，负责向字节流写入和读取数据，是面向字节流的读写接口，下面给出详细介绍。

```csharp
        public bool Encode(Stream os)
        {
            DataBufferStream encodeOS = new DataBufferStream();
            Serialize(encodeOS);
            ushort dataSize = (ushort)encodeOS.Length;
            uint dataCrc = CalcCrc(encodeOS.ToByteArray());
            os.Write(BitConverter.GetBytes(dataType), 0, sizeof(ushort));
            os.Write(BitConverter.GetBytes(dataSize), 0, sizeof(ushort));
            os.Write(BitConverter.GetBytes(dataCrc), 0, sizeof(uint));
            os.Write(encodeOS.ToByteArray(), 0, dataSize);

            return true;
        }
```

Encode 方法负责将协议转换成数据流，首先创建一个临时的空数据流，调用抽象方法 Serialize，根据具体协议的实现将协议的实体数据写入此临时数据流中，然后获得流的大小和校验码，再按顺序将各个数据写入到传入方法的输出流中。

```csharp
        public bool Decode(DataBufferStream rs)
```

```csharp
{
    Int32 headerSize = GetProtoHeaderSize();
    Int32 streamSize = (Int32)(rs.Length - rs.Position);
    //若读取流的剩余长度小于字节头的长度则返回 false，未读取协议
    if (streamSize < headerSize)
        return false;

    ushort type = 0;//协议头的 ID 标识
    ushort size = 0;//协议的长度
    uint crc = 0;//协议头的校验码
    uint dataCrc = 0;//本地计算的协议校验码
    byte[] header = new byte[headerSize];
    //读取协议头信息
    try
    {
        rs.Read(header, 0, headerSize);
        type = BitConverter.ToUInt16(header, 0);
        size = BitConverter.ToUInt16(header, 2);
        crc = BitConverter.ToUInt32(header, 4);
    }
    catch (System.Exception ex)
    {
        Debug.Log("In Decode: "+ex.Message);
        return false;
    }

    try
    {
        //读取协议实体信息
        if (streamSize >= headerSize + size)
        {
            byte[] pbData = new byte[size];
            rs.Read(pbData, 0, size);
            dataCrc = CalcCrc(pbData);
```

```csharp
                rs.Erase(0, rs.Position);
                if (type != dataType)
                {
                    Debug.Log("ProtoData Type Inconsistent");
                    return false;
                }
                if(dataCrc != crc)
                {
                    Debug.Log("DataCrc Check Inconsistent");
                    return false;
                }
                Deserialize(new DataBufferStream(pbData));
                return true;
            }
            //读取流长度不够,回退流标志位至协议头,返回 false,未读取协议
            else
            {
                rs.Seek(-headerSize, SeekOrigin.Current);
            }
            return false;
        }
        catch (System.Exception ex)
        {
            rs.Flush();
            Debug.Log("In Decode: "+ex.Message);
            return false;
        }
    }
```

Decode 方法显然要比 Encode 方法复杂得多,除了需要加入处理流读取失败的 try-catch 语句外,还需要处理协议不完整和协议头校验失败两种情况。

虽然在发送数据时是将整个协议打包成一个字节数组一次性发送的,但在更底层的传输层中,这组数据可能会被拆成几块,再打包分别发送出去,传输层会保证数据包按照顺序写入读取队列中,这一层对通信模块开发是不透明的,读者不必关心传输层是如何保证顺序的,但此刻有可能出现读取队列中只有协议的一部分,甚至仅有协议头,因此必须处理此类情况。

只有当读入流 rs 中包含一个完整的协议数据时,才将协议从数据流中取出并解码。由于检查协议的完整性需要读出协议头,因此当读出协议头后又检测出协议实体不完整时,需要调用 DataBufferStream 的 Seek 方法将流的标志位回退到协议头部。

当从头部获得的校验码与本地计算的校验码不一致时,就直接将这段数据抛弃掉。在正确解析完一个协议后,将其从读入流 rs 中删去,防止 rs 所占的空间无限增长。

下面给出一对具体的协议,读者可以此为参考编写自己的派生协议,Serialize 及 Deserialize 方法均直接调用 DataBufferStream 的读写方法,在此不作赘述。

```csharp
//用户注册协议数据
class RegisteData : ProtoData
{
    public string userName = "";
    public string password = "";

    public RegisteData() : base((ushort)ProtoType.ACCOUNT_REGISTE) { }
    public RegisteData(string name, string pwd): base((ushort)ProtoType.ACCOUNT_REGISTE)
    {
        userName = name;
        password = pwd;
    }

    protected override void Deserialize(DataBufferStream dataStream)
    {
        throw new NotImplementedException();
    }

    protected override void Serialize(DataBufferStream encodeStream)
    {
        encodeStream.WriteString(userName);
        encodeStream.WriteString(password);
    }
}

//用户注册相应响应协议数据
```

```csharp
class RegisteReData : ProtoData
{
    public string userName;
    public string pwd;
    public bool success;
    public int errCode;
    public string errMsg;
    public RegisteReData() : base((ushort)ProtoType.ACCOUNT_REGISTE_RE) { }
    protected override void Deserialize(DataBufferStream dataStream)
    {
        userName = dataStream.ReadString();
        pwd = dataStream.ReadString();
        success = dataStream.ReadBool();
        errCode = dataStream.ReadInt();
        errMsg = dataStream.ReadString();
    }

    protected override void Serialize(DataBufferStream encodeStream)
    {
        throw new NotImplementedException();
    }
}
```

5.5.3 Socket 封装类

建立了协议基类后，已拥有数据打包、解包的传输机制，然后需要对网络传输的核心对象 Socket 进行封装。从使用层来看，网络传输包括四步：建立网络连接、发送协议、接收协议、安全关闭连接。其中发送和接收功能均可通过协议类接口完成，只需要处理连接的建立与关闭即可。下面的示例代码是使用 C#编写的完成端口模型的 Socket 封装类，使用 C++编程的读者可参考该类的设计思想，自行实现该方法。

```csharp
internal delegate void RecvDataHandler(ProtoData data);
internal class ClientSocket
{
    private TcpClient Client;
```

```csharp
private string IP;
private int Port;
private DataBufferStream DataBuffer = new DataBufferStream();
private byte[] tempBuffer = new byte[1024];
event RecvDataHandler RecvDataEvent;

//Initialize
internal bool Init(string ip, int port)
{
    IP = ip;
    Port = port;
    return true;
}

//Start Socket Server, Open a reading thread
internal bool Start(RecvDataHandler recvHandler)
{
    try
    {
        Client = new TcpClient(IP, Port);
        //Debug.Log("Connect to Server");
        RecvDataEvent += recvHandler;
        Client.GetStream().BeginRead(tempBuffer, 0, 256, OnReceiveData, null);
    }
    catch (SocketException ex)
    {
        Debug.Log("Connect Error: " + ex.Message);
        return false;
    }
    return true;
}

//end thread and close socket
internal bool ShutDown()
```

```
        {
            if (Client != null)
            {
                Client.Close();
            }

            return true;
        }

        //Send Protocol Data
        public void SendProtocol(ProtoData protocol)
        {
            protocol.Encode(Client.GetStream());
        }

        private void OnReceiveData(IAsyncResult ar){…}
}
```

ClientSocket 实际上是在.NET 所提供的 TcpClient 基础上进行二次封装。TcpClient 本身已封装了端口的创建、关闭及异步读取端口模型的方法，进行二次封装的目的是要与协议层进行对接。

采用异步读取方法的好处是无需额外开辟进程持续监听端口，但实际上系统会开辟一个进程进行端口监听，并在某个端口有数据到达时，通知在该进程中注册的、与该端口关联的响应方法进行处理，如此，可在服务器处理许多连接时节省大量的线程资源，这也是目前最为主流的通信 I/O 模型。

下面将详细介绍数据读取的委托方法。读者可能注意到了：在 ClientSocket 中还有一个事件成员 RecvDataEvent，这是因为 ClientSocket 只负责数据的发送和接收，不负责数据处理，它符合类设计的单一职责原则，因此读取到的协议还需要通过委托机制抛到更上一层进行处理。

```
        private void OnReceiveData(IAsyncResult ar)
        {
            try
            {
                int nReadBytes = Client.GetStream().EndRead(ar);
                if (nReadBytes == 0)
                {
```

```csharp
            Debug.Log("Remote server closed");
            Client.Close();
            return;
        }
        DataBuffer.Write(tempBuffer, 0, nReadBytes);

        while (DataBuffer.Length > ProtoData.GetProtoHeaderSize())
        {
            ushort type = DataBuffer.ReadUShort();
            DataBuffer.Seek(-2, SeekOrigin.Current);
            ProtoData proto = ProtoData.Create(type);
            if (!proto.Decode(DataBuffer))
                break;
            RecvDataEvent(proto);
        }

        Client.GetStream().BeginRead(tempBuffer, 0, 256, OnReceiveData, null);
    }
    catch (System.Exception ex)
    {
        Debug.Log("OnReceiveData: "+ex.Message);
        Client.Close();
    }
}
```

在 OnReceiveData 方法中，DataBufferStream 成员是读入流。当调用 OnReceiveData 方法时，首先将读取到的字节数组写入 DataBufferStream 流中保存；然后从流中读出协议类型，根据协议类型创建对应的协议对象（此处所用到的创建方法是协议基类的类方法，实际上就是一个"工厂模式"的变种）；最后使用创建出来的协议对象对协议进行解码，若解码成功则调用 RecvDataEvent 委托方法，将该协议抛到上层，重复这一过程直至解码失败并跳出循环，重新开始通知系统进程监听端口，结束此次调用。

5.5.4 会话基类

建立了 DataBufferStream、ProtoData 和 ClientSocket 三个类，至此，已基本完成了对数据

传输底层部分的封装，可随心所欲地从 ProtoData 中派生出包含各种数据的协议，并通过 ClienSocket 提供的接口进行发送和接收。下一步需要做的就是向逻辑层提供统一的数据发送和接收的接口。

在实际的通信过程中，往往会出现这样一种通信逻辑：客户端首先发送几个协议，等待服务端的响应，并接收一些特定的响应协议，然后进行逻辑处理，如登录、注册等过程，因此有必要统一通信协议。如此，一方面可方便逻辑层的逻辑处理，另一方面统一通信协议也是通信处理机制中不可缺少的一个环节。

当客户端发出一个登录请求的协议后，服务端除了返回一个请求响应协议外，在登录成功时还可能再发送几个关于游戏状态的协议包。这时则需要用一个对象存储到达的协议，并在全部协议到达后通知逻辑层去处理。

```
public enum SessionState
{
    HangUp,
    Waiting,
    End
}
```

每个会话都是一个协议的存储区与逻辑处理的集合。会话向逻辑层提供发送数据、获得数据和检测会话状态这三个接口。会话有三种状态：HangUp、Waiting 和 End，其中 HangUp 表明会话当前处于挂起状态，不监听协议接收；Waiting 表明会话当前处于等待响应状态，逻辑层无须处理该会话；End 表明当次会话完成。逻辑层可通过该会话的方法或成员获取响应数据并进行逻辑处理。

```
public enum SessionType;

public abstract class Session {
    protected SessionState state;
    protected SessionType type;
    protected int id;
    private static int sid = 0;

    public SessionState State
    {
        get { return state; }
        protected set { state = value; }
    }
```

```csharp
    public SessionType Type
    {
        get { return type; }
        protected set { type = value; }
    }
    public int SessionID
    {
        get { return id; }
        private set { id = value; }
    }
    protected Session(SessionType type)
    {
        this.type = type;
        this.id = Session.sid++;
        state = SessionState.HangUp;
    }

    internal abstract void HandleProtocol(ProtoData proto);
    internal static Session Create(SessionType type) {…}
}
```

上述代码是会话基类,其中 SessionType 用于标识会话类型,SessionID 用于标识会话 ID,在逻辑层上,可以同时开启多个相同类型的会话。建立一个会话需要先实现 HandleProtocol 方法,此方法负责处理接收到的协议,每个会话只在 HandleProtocol 方法中处理与该会话有关的协议。同时,会话还需要为逻辑层提供发送协议的接口,不仅可隐藏 Socket 和 ProtoData 类的接口,还可以因为协议的发送而改变会话状态。下面给出一个会话示例,读者可仿照编写自己的会话。

```csharp
public class LoginSession : Session
{
    private LoginReData response;
    private RoleListData roleList;
    private CommunityListData commList;

    public string UserName
    {
```

```csharp
            get { return response.userName; }
        }

        public int UserID
        {
            get { return response.userID; }
        }

        public List<RoleInfoData> RoleList
        {
            get { return roleList.roleInfoList; }
        }

        public List<CommunityInfoData> CommList
        {
            get { return commList.communityList; }
        }

        public bool Success
        {
            get { return response.success; }
        }

        public string ErrMsg
        {
            get { return response.errInfo.errMsg; }
        }

        internal LoginSession() : base(SessionType.User_Login)
        {
            response = null;
        }
//协议处理函数：根据不同的协议类型处理不同的协议
        internal override void HandleProtocol(ProtoData proto)
```

```csharp
        {
            if (proto.DataType == (ushort)ProtoType.USER_LOGIN_RE)
            {
                response = (LoginReData)proto;
                if (!response.success)
                {
                    state = SessionState.End;
                }
                else if (roleList != null && commList != null)
                {
                    state = SessionState.End;
                }
            }
            else if (proto.DataType == (ushort)ProtoType.ROLE_LIST)
            {
                roleList = (RoleListData)proto;
                if (response != null && commList != null)
                {
                    state = SessionState.End;
                }
            }
            else if (proto.DataType == (ushort)ProtoType.COMMUNITY_LIST)
            {
                commList = (CommunityListData)proto;
                if (roleList != null && response != null)
                {
                    state = SessionState.End;
                }
            }
        }
        //登录函数
        public void Login(string userName, string pwd)
        {
            LoginData data = new LoginData(userName, pwd, true);
```

第 5 章　网络游戏通信模块开发

```
            state = SessionState.Waiting;
            NetworkFacade.Instance.SendProtocol(data);
    }
}
```

上述为一个登录的会话，该会话提供一个 Login 方法，可创建和发送登录协议，并将会话状态置为 Waiting。在 HandleProtocol 中对三种协议进行响应，并记录协议数据。需要注意的是：虽然在服务端上这三个响应协议是顺序发送的，但在客户端接收时这三个协议并不一定按原来的顺序到达，因此还需要判断三个协议何时全部到达。

5.5.5 NetworkFacade

建立了会话机制后，逻辑层已经可以很方便地进行数据通信和通信数据的逻辑处理了，但如何管理会话呢？由谁去响应 Socket 类中协议处理事件呢？一个方法是由逻辑层管理会话，且每个会话都将协议处理的委托加入 Socket 中。另一个方法是建立一个对象用于管理所有会话（Session），并负责协议接收的响应和分发。如此，可使消息的传递过程更为集中、清晰，同时也可很好地分离通信模块与逻辑模块。

网络通信模块中的最后一个类是 NetworkFacade，它是通信模块面向逻辑层的窗口，包含了该模块面向逻辑层的全部接口，即创建连接、关闭连接、创建会话、查找会话、删除会话。在设计该类时采用了全局单例模式，可方便逻辑层的调用。

NetworkFacade 可管理一个会话队列，其中存储着所有客户端创建的会话。在创建连接的再封装中，除调用 Socket 提供的创建连接接口外，NetworkFacade 还需要将其本身的 HandleProtocol 委托注册到 Socket 中。在 HandleProtocol 方法中，NetworkFacade 在接收到协议后，会将其分发给每个存储于其会话队列中且状态为等待的会话。

```
public enum ConnectionState : int
{
    Disconnected,   //连接中断
    Connected,      //建立连接
    ConnectError    //连接错误
}

public class NetworkFacade
{
    private static NetworkFacade instance;
    private ClientSocket cSocket;
```

```csharp
private ConnectionState connState = ConnectionState.Disconnected;
private List<Session> SessionQueue;
private NetworkConfig config;

//获得实例
public static NetworkFacade Instance
{
    get
    {
        if (instance == null)
            instance = new NetworkFacade();
        return instance;
    }
    internal set
    {
        instance = value;
    }
}

public NetworkConfig Config
public ConnectionState ConnState

//初始化,构造协议-服务表
private NetworkFacade()
{
}

//初始化网络连接
public void Initialize(NetworkConfig config)
{
    //如果前一个连接还没有被释放
    if (connState == ConnectionState.Connected)
        ShutDown();//释放连接
    this.config = config;
```

```csharp
        SessionQueue = new List<Session>();
        cSocket = new ClientSocket();
        try
        {
            cSocket.Init(config.ip, config.port);
            cSocket.Start(DispatchProtocol); //开始连接
            connState = ConnectionState.Connected;
        }
        catch (System.Exception ex)
        {
            //连接过程出现异常
            Debug.Log("Initialize: "+ex.Message);
            connState = ConnectionState.ConnectError;
            cSocket.ShutDown();
            //加入客户端处理异常的委托
        }
    }

    //关闭网络连接
    public void ShutDown()
    {
        if(cSocket != null)
            cSocket.ShutDown();
        connState = ConnectionState.Disconnected;
    }

    //创建会话
    public Session CreateSession(SessionType type){…}
    //获取会话
    public Session GetSession(SessionType type) {…}
    //删除会话
    public void RemoveSession(Session session) {…}

    //将协议包发送给对应协议服务进行处理
```

```
private void DispatchProtocol(ProtoData proto)
{
    if(proto.DataType == (ushort)ProtoType.USER_KICKOUT)
    {
        return;
    }
    for (int i=0; i<SessionQueue.Count; ++i)
    {
        if (SessionQueue[i] != null && SessionQueue[i].State == SessionState.Waiting)
            SessionQueue[i].HandleProtocol(proto);//处理协议
    }
}

//发送协议包
internal void SendProtocol(ProtoData proto)
{
    cSocket.SendProtocol(proto);
}
}
```

【小结】 本章介绍了网络游戏通信模块的设计与开发，通信模块作为网络游戏工程中最底层的模块之一，主要负责将逻辑层的逻辑数据序列化。为了成功地设计并实现该模块，除了需要很好地封装序列化、校验等过程外，最为重要的还在于 Socket 的封装和 I/O 异常处理，保证网络连接的安全创建与断开是该模块成功的关键。

习题 5

1．如何读入网络游戏通信模块数据？
2．什么是多路复用技术？
3．如何实现通信模块的消息机制？

第6章 网络游戏规则模块开发

网络游戏规则模块主要用来处理网络游戏的业务逻辑，而业务逻辑事件的触发主要靠消息的传递。本章内容主要介绍业务逻辑消息的定义、处理和管理，并对网络游戏规则模块的架构和实现进行深入探讨。

6.1 业务逻辑的消息定义

消息对象是用于存储消息的一般数据结构，基本的消息结构包含少数几个数据字段，同第 5 章中设计协议的思路一样，这里将消息的基本信息（即消息头）定义在基类中，开发者由此基类派生出包含自定义数据信息的各种消息子类。

```
Class Message
{
public:
    Message(int type = MESSAGE_DEFAULT) {m_typeID = type; m_delivered = false; m_timer = 0.0f;}
    ~Message() {}

    int m_typeID;
    int m_fromID;
    int m_toID;
    float m_timer;
```

```
        bool m_delivered;
};
```

上述代码展示了一个 Message 基类的头文件，消息头部含有 5 个字段信息，其中 m_typeID 是消息的类型；m_fromID 是发送消息对象的唯一 ID，这是消息的可选字段，因为消息是可匿名发送的，但在发送对象等待消息响应的情况下，显然该字段也是必不可少的；m_toID 是消息到达对象的 ID，它也是一个可选字段，因为消息可以为某个给定状态传送特定的已被注册的消息，因此不需要指定消息到达对象的 ID；m_timer 用于设置消息传送中的延时；m_delivered 用于标记已处理过的消息，消息被处理过后就可以从队列中清除。下面给出一个消息实现类。

```
template <typename T>
class DataMessage : public Message
{
public:
    DataMessage(int type, T data) : Message(type) {m_dataStorage = data; }
    ~DataMessage() {}

    T m_dataStorage;
};
```

上面给出了一个简单的消息实现的模板类，包含一个特定的关于接收数据类型的数据字段。可以用此类传递具有简单数据字段的消息，但若要发送较复杂的数据，则需要设计额外类型的消息。无论如何，消息处理回调函数都会将进来的消息投射到它所知道的消息类型上（通过消息 ID 类型），并通过投射指针访问这些数据。

6.2 业务逻辑的消息处理

本节将主要介绍业务消息的响应、注册与派发。

1. 消息的响应

消息系统中除了消息对象本身，还有另一类不能忽视的对象，即消息响应对象。

一个运作中的消息系统工作流程如下：首先，由需要发送消息的对象创建一个新的消息，并调用消息管理器的方法将这条消息加入到管理器的消息队列中。然后，管理器在更新状态时会逐一处理消息队列中的消息，根据消息的 ID 和消息发送的目的对象 ID 在管理器的消息注册表中查找到相应对象的消息回调函数，并将消息内容作为参数传入回调函数中进行处理。

C++语言不允许直接使用成员函数作为回调函数，因此这里采用一个普遍方法，即为回调对象使用虚拟回调类（用一个虚函数表示回调方法），然后在传统的 C 语言回调函数中使用这些回调对象。

```cpp
class Callback
{
public:
    virtual void function(int pid, Message* msg);  // 虚函数表示回调方法
};
class EvadeCallback : public Callback
{
    void function(int pid, Message* msg);
};
```

2. 消息的注册与派发

虽然消息传递是在两个或几个对象之间进行的，但由于传递过程本身可能具有的逻辑处理（如延时发送）和大量对象互相交互产生消息数量递增，需要在传递过程中间建立一个管理类，负责消息的发送与分发。为使消息能通过此管理类顺利地发送到指定的对象上，在发送消息前，必须先令此接收对象在消息管理器中注册该消息。一方面，使得管理器可获取到消息发送对象，另一方面，也保证了各个对象只会接收到能够响应的消息，杜绝了垃圾消息的产生。实现细节将在 6.3 节详细介绍。

6.3　业务逻辑的消息管理

消息系统实质上并不是一个决策结构，它与第 5 章的通信模块更相似，管理消息如同邮局管理信件一样，对消息进行接收、存储和派发操作。鉴于消息管理类的这种特性，在设计该类时采用单例模式，并提供全局访问。代码如下。

```cpp
typedef std::list<Message*>MessageList;
typedef std::map<int, MessageType*>MessageTypeMap;

class MessagePump
{
public:
    static inline MessagePump& Instance( )
```

```cpp
        {
            static MessagePump inst;
            return inst;
        }

        static void Update(float dt);
        static void AddMessageToSystem(int type);
        static int RegisterForMessage(int type, int objected, Callback& cBack);
        static void UnRegisterForMessage(int type, int objectID);
        static void SendMessage(Message* newMessage);

    protected:
        MessagePump();
        MessagePump& operator=(const MessagePump&){}

    Private:
        static MessageTypeMap m_messageTypes;
        static MessageList m_messageQueue;
};

#define g_MessagePump MessagePump::Instance()
```

函数Update()用于检测队列中的每个消息，若是一个延迟消息，则减少它的定时器设定的时间，或将消息传送到那个通过提供一个回调函数为该消息登记的实体，然后该函数从队列中清除所有已传递的消息。

函数AddMessageToSystem()用于向一系列可能传递的消息插入消息类型。它可以在任何时刻执行，不管是添加已有类型对象还是新类型的对象（需要系统在新的消息类型上存储信息）。

函数RegisterForMessage()的执行需要两个条件：系统中存在该消息类型；还没有注册过该消息。若同时满足这两个条件，它将把所有接受的特定消息类型添加到通知列表中。

函数UnRegisterForMessage()用于完成与函数RegisterForMessage()相反的工作，它在所有为某一特定消息而进行的注册中循环调用，并从列表中将消息移除。

6.4 网络游戏规则模块的架构

服务器组内各服务器依据功能不同进行分工。不同的游戏内容策划会影响服务器的功能分工。一般地，可将一组内的服务器简单地分成两类：与场景相关（如行走、战斗等）的服务器和与场景不相关（如公会聊天、不受区域限制的贸易等）的服务器。为了保证游戏的流畅性，可将这两类不同的功能分别交由不同的服务器完成。另外，对于服务器中比较耗时的计算，一般会将其分离出来，交由单独的线程或单独的进程去完成。

各个网游项目会根据游戏特点的不同而灵活地选择各自的服务器分工方案。常见的分工方案是：场景服务器、非场景服务器、服务器管理器、人工智能（AI）服务器和数据库代理服务器。以上各服务器的主要功能如下。

场景服务器：它负责完成主要的游戏逻辑，包括：角色在游戏场景中的进入与退出、角色的行走与跑动、角色战斗（包括打怪）、任务的认领等。场景服务器设计的好坏决定了游戏世界服务器性能的优劣，它的设计难度不仅体现在通信模型的设计上，更体现在服务器体系架构和同步机制的设计上。

非场景服务器：它主要负责完成与游戏场景不相关的游戏逻辑，这类逻辑不依赖游戏的地图系统也能正常进行，如公会聊天或世界聊天，之所以把它从场景服务器中独立出来，是为了节省场景服务器的 CPU 和带宽资源，使场景服务器能尽可能快地处理对游戏流畅性影响较大的游戏逻辑。

服务器管理器：为了实现众多的场景服务器之间及场景服务器和非场景服务器之间的数据同步，必须有一个统一的管理者，这个管理者就是服务器组中的服务器管理器，其主要任务是使各服务器的数据同步，例如玩家上下线信息的同步，其中最主要的是完成场景切换时的数据同步。当玩家需要从场景 A 切换到场景 B 时，服务器管理器负责将玩家的数据从场景 A 转移到场景 B，并通过协议通知这两个场景数据同步的开始与结束。因此，为实现这些内容繁杂的数据同步任务，通常服务器管理器会与所有的场景服务器和非场景服务器保持 Socket 连接。

人工智能（AI）服务器：由于怪物的人工智能计算非常消耗系统资源，因此为其单独设立一个服务器。AI 服务器的主要功能是计算怪物的 AI，单独服务于场景服务器，它完成从场景服务器交过来的计算任务，并将计算结果返回给场景服务器。在网络通信方面，AI 服务器只与众多场景服务器保持 Socket 连接。

数据库代理服务器：在网游的数据库读写方面，通常有两种做法，一种是在应用服务器中直接加入数据库访问代码以访问数据库，另一种方法是将数据库读写操作独立出来，形成数据库代理，由它统一进行数据库访问并返回访问结果。

在不同的游戏项目中，非场景服务器可能被设计成具有不同的功能，例如以组队、公会或全频道聊天为特色的游戏，可能会为了满足玩家的聊天需求而设立单独的聊天服务器；而以物品贸易（如拍卖等）为特色的游戏，可能会为了满足拍卖的需求而单独设立拍卖服务器。是否有必要为某一项游戏功能独立设立一个服务器，要视该功能对游戏的主场景逻辑（指行走、战斗等玩家日常游戏行为）的影响程度而定。若该功能对主场景逻辑的影响较大，可能会对主场景逻辑的运行造成较严重的性能和效率的损失，则应考虑将其从主场景逻辑中剥离，但能否剥离还取决于：此功能是否与游戏场景（即地图坐标系统）相关。若此功能与场景相关，且确实影响到了主场景逻辑的执行效率，则可能需要在场景服务器上设立专门的线程来处理，而不是为其单独设立一个服务器。

下一步需要考虑的问题是：各服务器之间如何进行通信？有哪些基本通信构架？

MMORPG（Massively Multiplayer Online Role Playing Game）的单组服务器架构通常可以分为两种：一种是带网关的服务器架构，另一种是不带网关的服务器架构。两种方案各有利弊。

就带网关的服务器架构而言，由于它对外只向玩家提供唯一的通信端口，所以在玩家一侧会有比较流畅的游戏体验，这通常是超大规模、无缝地图网游所采用的方案，但该方案的缺点是服务器组内的通信架构设计相对复杂、调试不方便、网关的通信压力过大、对网关的通信模型设计要求较高等。

第二种方案会向玩家同时开放多个游戏服务器端口，除了游戏场景服务器的通信端口外，还可能提供诸如聊天服务器等的通信端口。该方案的主要缺点是：在进行场景服务器切换时，玩家客户端通常会有一个类似场景调入的界面出现，影响了游戏的流畅感。基于此方案的游戏客户端较典型的例子为：当要进行场景切换时，只能通过相应的"传送功能"传送到另外的场景去，或在需要进入新场景时，客户端在进入新场景的等待界面停留较长时间（Loading 界面）。

6.5　网络游戏规则模块的实现

网络游戏规则模块主要处理网路游戏的业务逻辑，很多逻辑都是由事件触发的。在 MMORPG 游戏中，由于很多事件不是由本地玩家的操作触发的，而是由与周围世界和周围玩家的互动触发的。此时，事件的触发主要依靠网络消息的传送。所谓网络逻辑事件消息，就是触发事件时经网络传递的信息。假设玩家 A 和玩家 B 是游戏世界中的两个智能体，为了检测某些特定状态的变化（例如，玩家 A 向玩家 B 发起攻击），并不是让 A 每时每刻都对 B 进行检测，而是当 B 发生变化时，由 B 向 A 传送消息告知 A 此变化。这样就不需要浪费计算周期或代码空间。游戏通过消息告知智能体它所感兴趣的事件，然后做它自己的事情，而无须担心其他事情，直到下一个消息的到来。

　　高精度的游戏趋向于事件驱动，即当一个事件（如释放一个技能，杀死一个 NPC 等）发生后，事件被广播给游戏中的有关对象，这些对象可以做出恰当的反应。这些事件一般是以一个数据包的形式送出，数据包包括事件的相关信息，如发送时间、应做出反应的对象以及事件的内容等。

　　普遍选用事件驱动结构的原因在于它的高效率。若无事件处理，对象将不得不持续地检测游戏世界，查看是否有某特定的行为发生。若采用事件处理，则对象只需要继续完成其本身的工作，直到给它们广播一个事件消息。若该消息与己相关，它们将遵照它行事。这也是基于消息和事件的 FSM 所具有的特性。

　　聪明的游戏智能体可利用同样的原理相互交流。若智能体具有发送、处理和对事件做出反应的机制，则很容易为其设计出如下行为。

　　一个玩家向一个小怪物释放一个技能：玩家发出一个消息给小怪物，通知他即将来临的命运，以便他做出相应的反应，例如，被打飞。

　　一个足球运动员从队友旁边经过：传球者发出一个消息给接球者，通知他应该在什么时间、移动到什么位置来拦截这个球。

　　一个洞穴中的怪物首领遭受攻击：它会发送一个消息给它附近所有的小妖精，通知它们帮忙参与战斗。当怪物首领的血量下降到濒临死亡时，可能会召集更多更远的怪物来参与战斗。

　　下面的代码段实现了对游戏规则模块的有限状态机的封装，采用面向对象的方法实现状态机，其中包括两个独立的部分：状态对象和状态机。

```cpp
class FSMState
{
public:
    FSMState(int iStateID, unsigned usTransitions);
    virtual~FSMState();
    int GetID();
    void AddTransition(int iInput, int outputID);
    void DeleteTransition(int outputID);
    int GetOutPut(int iInput)const;
    bool CheckState(int mStatcNum,…);
private:
    unsigned m usNumberOfTransitions;
    int m_ piInputs;
    int    m_ piOutState;
```

6.5　网络游戏规则模块的实现　　97

```
    int    m_iStateID;
};
```

构造函数 FSMState()用于初始化状态对象的 ID 和可用状态迁移数量。状态对象的 ID 具有唯一性,每个状态对象的 ID 均不同,其值保存在 m_iStateID 中。m_piInputs 和 m_piOutState 是指向 int 型的数组,用于保存状态迁移的刺激值和结果值。数组的长度由构造函数的 usTransitions 参数确定,可使用函数 new()为该数组动态分配所占用的内存空间。成员函数 AddTransition()和 DeleteTransition()用于添加和删除状态迁移的每一对状态。函数 CheckState()用于检查当前状态是否等同于参数所给定的状态,主要用于禁止非法操作。完成了状态对象的定义,便可用其实现状态机了。

```
class FSMClass
{
public:
    FSMClass(int iStateID);
    virtual ~FSMClass();
    int GetCurrentState();
    int GetLastState();
    void SetCurrentState(int iStateID);
    FSMState *GetState (int iStateID)const;
    void AddState(FSMClass *pState);
    void DeleteState(int iStateID);
    int StateTransition(int iInput);
private:
    std::map<int, FSMState>m_map;
    int m_iCurrentState;
    int m_iLastState;
};
```

构造函数 FSMClass()通过参数 iStateID 定义了状态机的初态。函数 GetCurrentState()和 GetLastState()用于返回当前状态和前一次的状态。函数 SetCurrentState()用于设置现在的状态。函数 GetState()可通过状态 ID 找到状态的指针。函数 AddState()和 DeleteState()用于添加和删除状态机所拥有的状态。StateTransition()是转换函数,调用此函数则可通过刺激值转换状态机的状态。m_map 用于存储状态机拥有的所有状态。m_iCurrentState 和 m_iLastState 保存状态机的当前状态和上一次状态。StateTransition()是最常用的函数,通过传入的刺激值,StateTransition()会调用函数 GetState()从 m_map 中返回状态指针。同样通过刺激值,状态指针所指向的状态对象会调用其成员函数 GetOutPut()得到应该到达的状态,并通知状态机。

【小结】 本章介绍了网络游戏规则模块的消息的定义和封装,详细描述了游戏客户端和服务器关于逻辑事件的处理方式。

习题 6

1. 如何定义业务逻辑的消息?
2. 如何管理业务逻辑的消息?
3. 如何实现网络游戏规则模块?

第7章 网络游戏多线程技术

本章将主要介绍网络游戏的多线程技术,包括进程间的通信方式和服务器中多线程技术的使用。

进程是一个正在运行的程序的实例,是系统分配资源的单位(线程是执行的单位),包括内存、打开的文件、处理机、外设等,进程由进程的内核对象和进程的地址空间两部分组成。

进程的内核对象:即通常所讲的 PCB(进程控制块),该结构只能由该内核访问,它是操作系统用来管理进程的一个数据结构,操作系统通过该数据结构来感知和管理进程;它的成员负责维护进程的各种信息,包括进程的状态(创建、就绪、运行、睡眠、挂起、僵死等)、消息队列等;同时也是系统用来存放进程统计信息的地方。

进程的地址空间:包含所有可执行模块或 DLL 模块的代码和数据,以及动态内存分配的空间,如线程堆栈和堆分配的空间。共有 4 GB,0~2 GB 为用户区,2~4 GB 为系统区。

7.1 进程间通信

进程间通信就是在不同进程之间传播或交换信息,不同进程之间存在着双方都可以访问的介质。

1. 进程间通信概念

进程的用户空间是互相独立的,一般是不能互相访问的,唯一例外的是共享内存区。系统空间是"公共场所",所以内核显然可以提供相互访问的区域。除此之外,双方均可访问的外设也可以提供共享空间。在这个意义上,两个进程也可通过磁盘上的普通文件交换信息,或通过"注册表"及其他数据库中的某些表项和记录交换信息。广义上,这些也是进程间通信的手段,但是一般都不把这些算作"进程间通信"。

2. 进程的创建与终止

进程的创建过程如下。

（1）系统创建进程内核对象（PCB 进程控制块）。

（2）系统为新进程创建虚拟地址空间，帮助可执行文件或任何必要的 DLL 文件的代码和数据加载到该进程的地址空间。

（3）系统为新进程的主线程创建一个线程内核对象（TCB 线程控制块）。

（4）通过执行 C/C++启动代码，该主线程开始运行。

注意：在 Windows 环境下，尽量用多线程而不是多进程。

以下为与进程相关的 API。

（1）创建进程。

```
BOOL CreateProcess(
    PCTSTR          psApplicationName,   //可执行文件的名字
    PTSTR           pszCommandLine,      //命令行字符串
    PSECURITY_ATTRIBUTES psaProcess,     //进程对象的安全性
    PSECURITY_ATTRIBUTES psaThread,      //线程对象的安全性
    BOOL            bInheritHandles,     //句柄可继承性
    DWORD           fdwCreate,           //标识符（优先级）
    PVOID           pvEnvironment,       //指向环境字符串
    PCTSTR          pszCurDir,           //子进程当前目录
    PSTARTUPINFO    psiStartInfo,
PPROCESS_INFORMATION ppiProcInfo);       //进程线程句柄及 ID
```

（2）打开进程。

```
HANDLE OpenProcess(
    DWORD dwDesiredAccess, //访问安全属性
    BOOL bInheritHandle,   //继承属性
    DWORD hProcessId);     //进程 ID
```

注意：获取 hProcessId 指定的进程的内核对象的句柄。

（3）终止进程。

① 主线程的进入点函数返回。

② 进程自己终止。

```
VOID ExitProcess(
    UINT fuExitCode); //退出代码
```

③ 终止自身进程或其他进程。

```
BOOL TerminateProcess(
```

HANDLE hProcess, //进程句柄

UINT fuExitCode); //退出代码

3. 内存文件映射

文件映射（Memory-Mapped Files）能使进程将文件内容当作进程地址区间的一块内存来对待。因此，进程不必使用文件 I/O 操作，只需用简单的指针操作即可读取和修改文件内容。

Win32 API 允许多个进程访问同一文件映射对象，各个进程在其地址空间里接收内存指针。通过使用这些指针，不同进程可读取或修改文件内容，实现对文件中数据的共享。

应用程序有三种方法使多个进程共享一个文件映射对象。

（1）继承：第一个进程建立文件映射对象，其子进程继承该对象的句柄。

（2）命名文件映射：第一个进程在建立文件映射对象时可给该对象指定一个名字（可与文件名不同）。第二个进程可通过此名字打开此文件映射对象。另外，第一个进程也可通过其他 IPC 机制（有名管道、邮件槽等）将名字传给第二个进程。

（3）句柄复制：第一个进程建立文件映射对象，然后通过其他 IPC 机制（有名管道、邮件槽等）将对象句柄传递给第二个进程。第二个进程复制该句柄则可取得对该文件映射对象的访问权限。

文件映射是在多个进程间共享数据的非常有效的方法，有较好的安全性。但文件映射只能用于本地机器的进程之间，不能用于网络中，且开发者还必须控制进程间的同步。

7.2 多线程技术

1. 多线程概念

在同一时间执行多个任务的功能，称为多线程或自由线程。微软的操作系统支持抢占式多任务和多线程编程，因此，在 Windows 操作系统上的编程可使程序同时处理多个任务，即可并发执行多个任务。由于 Windows 操作系统支持多线程，则每个进程中都可创建多个线程，使任务可以同时处理多个子任务。在同一进程中的线程均有属于其自己的空间，相互不会干扰，并可通过多种同步手段合作完成同一任务。

多线程的优点如下。

（1）可以同时完成多个任务。

（2）可以使程序的响应速度更快。

（3）可以让占用大量处理时间的任务或当前没有进行处理的任务定期地将处理时间让给其他任务。

（4）可以随时停止任务。

（5）可以为每个任务设置优先级，以优化程序性能。

多线程主要缺点如下。

（1）对资源的共享访问可能造成冲突（对共享资源的访问进行同步或控制）。

（2）程序的运行速度减慢。

2. 多线程应用实例

C++本身并没有提供多线程机制，但在 Windows 下，可以调用 win32 的 API 编写多线程的程序，下面给出示例。

例 1：创建线程的函数。

```
HANDLE CreateThread(
    LPSECURITY_ATTRIBUTES lpThreadAttributes, //设为 NULL，表示使用默认值。
    SIZE_T dwStackSize,                       //线程堆栈大小，一般为 0，在任何情况下，
                                              //Windows 根据需要动态延长堆栈的大小
    LPTHREAD_START_ROUTINE lpStartAddress,    //指向线程函数的指针
    LPVOID lpParameter,                       //向线程函数传递的参数，是一个指向结构的
                                              //指针，不需要传递参数时，为 NULL
    DWORD dwCreationFlags,                    //线程标志
    LPDWORD lpThreadId                        //保存新线程的 ID
);

#include <iostream>
#include <windows.h>
using namespace std;

DWORD WINAPI Fun(LPVOID lpParameter)
{
    while(1) { cout<<"Fun display!"<<endl; Sleep(1000);}
}

int main()
{
    HANDLE hThread = CreateThread(NULL, 0, Fun, NULL, 0, NULL);
    CloseHandle(hThread);
    while(1) { cout<<"main display!"<<endl;   Sleep(2000);}
    return 0;
```

}

执行上述代码，可看到：在屏幕上交错地输出"Fun display!"和"main display!"，线程确实是并发运行的，而且应该是：每当 Fun 函数和 main 函数输出内容后就会输出换行，但结果却是：程序有时输出换行，有时却未输出换行，甚至有时输出两个换行。这是怎么回事？下面将程序进行如下修改。

例 2：修改后的创建线程的函数。

```cpp
#include <iostream>
#include <windows.h>
using namespace std;

DWORD WINAPI Fun(LPVOID lpParameter)
{
    while(1) { cout<<"Fun display!\n"; Sleep(1000);}
}

int main()
{
    HANDLE hThread = CreateThread(NULL, 0, Fun, NULL, 0, NULL);
    CloseHandle(hThread);
    while(1) { cout<<"main display!\n";   Sleep(2000);}
    return 0;
}
```

重新运行上述程序，结果是：正确地输出了所要输出的内容且格式亦正确。为什么前一个程序运行结果不正确？多线程的程序是并发运行的，若多个线程共用了某些资源，则无法保证这些资源都能被正确地利用，因为此时资源并不是独占的。

假如有一个资源 int a = 3，有一个线程函数 selfAdd()，其功能是令 a = a + a；另一个线程函数为 selfSub()，其功能是令 a = a – a。若这两个线程并发运行，当执行 selfAdd 时，a 的值应该由 3 变成 6，但此时 selfSub 得到了运行的机会且得到了 a 的访问权，所以 a 的值由 3 变成了 0，再轮到 selfAdd 执行时，a 却是 0，并未像所预期的那样：a=6。再回顾例 1，可将屏幕看成是一个资源，此资源被两个线程所共用，当 Fun 函数输出了"Fun display!"、还未输出 endl 时，main 函数得到了运行机会，Fun 函数将 CPU 的使用权让给了 main 函数，main 函数则直接在"Fun display!"后输出了"main display!"。至于为什么有时会连续输出两个换行，此问题留给读者自己思考，可采用同样的方法分析。

例 2 之所以能正确运行，究其原因在于：多个线程虽然并发运行，但有一些操作是必须连续完成的，不允许被打断。在例 2 中，cout<<"main display!\n"操作是不能被中断的，因此在输出"main display!"之后总是紧接着输出换行。所以例 1 和例 2 的运行结果不一样。那么，例 1 的代码能否正确运行？当然能，但怎样才能让例 1 的代码正确运行呢？这涉及多线程的同步问题。

7.3 同步控制机制

本节将详细介绍一些线程同步控制机制的相关概念。

1. 临界区

临界区（Critical Section）即为通常所说的"锁"，用于多线程对同一份资源的同步控制，通常用 Critical Section 锁住一份资源，以免多个线程"同时"访问一份资源。临界区主要由以下 4 个函数完成：InitializeCriticalSection()、EnterCriticalSection()、LeaveCriticalSection() 和 DeleteCriticalSection()。

需要注意的是：不要长时间锁住一份资源；不要在锁住资源的时候调用 Sleep WaitXXX()函数。若进入 CriticalSection 的线程结束，但未离开 CriticalSection，则系统无法将其清除，因其不是内核对象，不由操作系统管理。

另一个需要注意的地方是，每次调用 EnterCriticalSection()函数，会使该 CriticalSection 的引用计数加 1，一个线程可以多次调用 LeaveCriticalSection()函数，使计数减 1。调用了多少次 EnterCriticalSection()函数，就应该调用多少次 LeaveCriticalSection()函数。

下面是一个链表的例子，涉及多线程访问。

```
#include "list.h"

List::List()
{
    InitializeCriticalSection(&m_cs);//初始化临界区
    Init();
}

List::~List()
{
    Destroy();
    DeleteCriticalSection(&m_cs); //删除临界区
}
```

```cpp
void List::Init()
{
    m_pHead = NULL;
}
//删除链表
void List::Destroy()
{
    Node *pNode;
    Node *pTemp;

    pNode = m_pHead;
    while (pNode)
    {
        pTemp = pNode;
        pNode = pNode->next;
        delete pTemp;
    }
}
//向链表中插入节点
void List::InsertNode(Node *pNode, Node *pNewNode)
{
    EnterCriticalSection(&m_cs);//加锁临界区

    if (pNode->next)//修改数据
    {
        pNewNode ->next = pNode ->next;
        pNode ->next = pNewNode;
    }
    else
    {
        pNode->next = pNewNode;
    }
```

```cpp
        LeaveCriticalSection(&m_cs);//解锁临界区
    }
    //向链表头部插入节点
    void List::AddHead(Node *pNode)
    {
        EnterCriticalSection(&m_cs); //加锁临界区
        pNode->next = m_pHead;
        m_pHead = pNode;
        LeaveCriticalSection(&m_cs); //解锁临界区
    }

    Node* List::Next(Node *pNode)
    {
        Node *pNext;

        EnterCriticalSection(&m_cs); //加锁临界区
        pNext = pNode->next;
        LeaveCriticalSection(&m_cs); //解锁临界区

        return pNext;
    }
```

2. 互斥

互斥（Mutex）与 CriticalSection 相似，都是为了处理多个线程对资源的访问。区别是 Mutex 是内核对象，锁住 Mutex 需要花费更多的时间，Mutex 可以跨进程存在。若无任何线程拥有 Mutex，则此 Mutex 处于未激发状态，线程可通过调用 WaitForXXX() 函数获得此 Mutex；除非此线程采用 ReleaseMutex 释放 Mutex，否则其他线程都不能拥有此 Mutex。

可用 Mutex 解决哲学家就餐问题：每个哲学家要么获得两根筷子，要么一根筷子都不获得。在哲学家就餐问题中，筷子可看做 Mutex，每个哲学家要么获得两个 Mutex，要么一个 Mutex 都不获得。这样就可以防止死锁的发生。

```cpp
/*
* MTVERIFY.h
*/
#pragma comment( lib, "USER32" )
```

```c
#include <crtdbg.h>
#define MTASSERT(a) _ASSERTE(a)
//MTVERIFY 宏其实是记录并解释了 Win32 GetLastError()函数的结果。如果 Win32 函数
失败，//MTVERIFY()会打印出一段简短的文字说明，在多线程编程时检查错误效果尤为突出
#define MTVERIFY(a) if (!(a)) PrintError(#a,__FILE__,__LINE__,GetLastError())
__inline void PrintError(LPSTR linedesc, LPSTR filename, int lineno, DWORD errnum)
{
    LPSTR lpBuffer;
    char errbuf[256];
#ifdef _WINDOWS
    char modulename[MAX_PATH];
#else // _WINDOWS
    DWORD numread;
#endif // _WINDOWS

    FormatMessage( FORMAT_MESSAGE_ALLOCATE_BUFFER
        | FORMAT_MESSAGE_FROM_SYSTEM,
        NULL,
        errnum,
        LANG_NEUTRAL,
        (LPTSTR)&lpBuffer,
        0,
        NULL );

    wsprintf(errbuf, "\nThe following call failed at line %d in %s:\n\n"
        "    %s\n\nReason: %s\n", lineno, filename, linedesc, lpBuffer);
#ifndef _WINDOWS
    WriteFile(GetStdHandle(STD_ERROR_HANDLE), errbuf, strlen(errbuf), &numread, FALSE );
    Sleep(3000);
#else
    GetModuleFileName(NULL, modulename, MAX_PATH);
    MessageBox(NULL, errbuf, modulename, MB_ICONWARNING|MB_OK|MB_TASKMODAL|MB_SETFOREGROUND);
```

```c
#endif
    exit(EXIT_FAILURE);
}
#include <stdio.h>
#include <stdlib.h>
#include <Windows.h>
#include "MTVERIFY.h"

#define NUM_PHIL    5

HANDLE gChopSticks[NUM_PHIL] = {INVALID_HANDLE_VALUE};   //Mutex
static int flag = 1;
DWORD WINAPI ThreadFunc(LPVOID);    //线程函数
int main()
{
    int i;
    HANDLE hPhil[NUM_PHIL];
    for (i=0; i<NUM_PHIL; i++)
    {
        MTVERIFY( gChopSticks[i] = CreateMutex(NULL, FALSE, NULL) );
        MTVERIFY( hPhil[i] = CreateThread(NULL, 0, ThreadFunc, (LPVOID)i, 0, NULL) );//哲学家线程
    }   Sleep(20000); //  主线程睡眠 20 000ms
    flag = 0;   // 标志置为 0，让所有线程都正常退出

    MTVERIFY( WAIT_OBJECT_0 == WaitForMultipleObjects(NUM_PHIL, hPhil, TRUE, INFINITE) );
    for (i=0; i<NUM_PHIL; i++)
    {
        MTVERIFY( CloseHandle(gChopSticks[i]) );
        MTVERIFY( CloseHandle(hPhil[i]) );
    }
    system("pause");
    return 0;
```

7.3　同步控制机制

```
    }

    DWORD WINAPI ThreadFunc(LPVOID n)
    {
        DWORD rc;
        HANDLE myChopSticks[2];
        int nIndex = (int)n;
        while ( flag )
        {
            myChopSticks[0] = gChopSticks[nIndex%NUM_PHIL];
            myChopSticks[1] = gChopSticks[(nIndex+1)%NUM_PHIL];
            MTVERIFY( WAIT_OBJECT_0==WaitForMultipleObjects(2, myChopSticks, TRUE,
INFINITE) );  //判断是否两根筷子都获得
            printf("Philosopher # %d is eating\n", nIndex);
            Sleep(50);
            ReleaseMutex(myChopSticks[0]);//结束用餐，释放筷子资源
            ReleaseMutex(myChopSticks[1]);
        }
        return (DWORD)n;
    }
```

3. 信号量

"操作系统"课程里提及最多的也许就是信号量（Semaphore）了，通常用它来处理多线程访问多个资源的情况，此处不再赘述。

若创建一个信号量，且它的最大计数是 1，则它与 Mutex 等价。下面给出解决生产者—消费者问题的 Win32 程序，运行效果如图 7-1 所示。

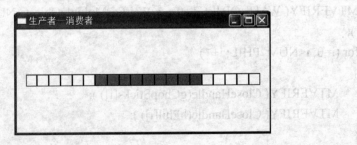

图 7-1　生产者—消费者问题

程序代码如下。
```c
#include <time.h>
#include <stdlib.h>
#include <Windows.h>

#define ASSERT(a) if (!(a)) \ exit(EXIT_FAILURE)

#define MAX_PRODUCE_COUNT    5        //生产者每次最多生产数量
#define CONSUMER_COUNT       5        //消费者数量
#define BUFFER_SIZE          20       //缓冲区大小
#define SLEEP_TIME           600
#define WM_FORCE_PAINT             (WM_APP+10)

void     ProduceAndConsume();
void     EndProduceConsume();

LRESULT CALLBACK WndProc(HWND, UINT, WPARAM, LPARAM) ;   //Win32 窗口回调函数
DWORD    WINAPI    ProducerThread(LPVOID pVoid);    //生产者线程函数
DWORD    WINAPI    ConsumerThread(LPVOID pVoid);    //消费者线程函数

int      iProducerPointer;           //生产者指针，指向可以放商品的位置
int      iConsumerPointer;           //消费者指针，指向可以消费商品的位置
HANDLE   hProducerSemaphore;         //生产者信号量，初始有 20 个资源
HANDLE   hConsumerSemaphore;         //消费者信号量，初始有 0 个资源
HANDLE   hConsumerMutex;             //消费者 Mutex

HANDLE   hProducerThread;            //生产者线程，不断生产商品
HANDLE   hConsumersThread[CONSUMER_COUNT]; //消费者线程，不断消费商品
HWND     hWnd;

int WINAPI WinMain (HINSTANCE hInstance, HINSTANCE hPrevInstance,
                    PSTR szCmdLine, int iCmdShow)
```

```
{
    static TCHAR szAppName[] = TEXT("生产者—消费者") ;
    MSG msg ;
    WNDCLASS wndclass ;

    wndclass.style = CS_HREDRAW | CS_VREDRAW ;
    wndclass.lpfnWndProc = WndProc ;
    wndclass.cbClsExtra = 0 ;
    wndclass.cbWndExtra = 0 ;
    wndclass.hInstance = hInstance ;
    wndclass.hIcon = LoadIcon (NULL, IDI_APPLICATION) ;
    wndclass.hCursor = LoadCursor (NULL, IDC_ARROW) ;
    wndclass.hbrBackground= (HBRUSH) GetStockObject (WHITE_BRUSH) ;
    wndclass.lpszMenuName = NULL ;
    wndclass.lpszClassName= szAppName ;

    if (!RegisterClass (&wndclass))
    {
        MessageBox ( NULL, TEXT ("This program requires Windows NT!"), szAppName, MB_ICONERROR) ;
        return 0 ;
    }

    hWnd = CreateWindow( szAppName,   TEXT ("生产者—消费者"),
        WS_OVERLAPPEDWINDOW,
        CW_USEDEFAULT,
        CW_USEDEFAULT,
        CW_USEDEFAULT,
        CW_USEDEFAULT,
        NULL,
        NULL,
        hInstance,
        NULL) ;
```

```
    ShowWindow (hWnd, iCmdShow) ;
    UpdateWindow (hWnd) ;

    ProduceAndConsume();        //创建生产者—消费者线程、信号量和 Mutex，并运行

    while (GetMessage (&msg, NULL, 0, 0))
    {
        TranslateMessage (&msg) ;
        DispatchMessage (&msg) ;
    }

    EndProduceConsume();

    return (int)msg.wParam ;
}


    LRESULT CALLBACK WndProc (HWND hwnd, UINT message, WPARAM wParam, LPARAM lParam)
    {
        int iTemp;
        int iXStart,iYStart;
        HDC hdc ;
        HBRUSH hBrush;
        PAINTSTRUCT ps ;
        RECT rect;
        MSG msg;

        switch (message)
        {
        case WM_CREATE:
            return 0 ;
        case WM_FORCE_PAINT:
            InvalidateRect(hWnd, NULL, TRUE);
```

```
            while (PeekMessage(&msg, hWnd, WM_FORCE_PAINT, WM_FORCE_PAINT,
PM_REMOVE))
            return 0;
    case WM_PAINT:
            hdc = BeginPaint (hwnd, &ps) ;
            GetClientRect(hWnd,&rect);
            iXStart = (rect.right-rect.left)/2-200;
            iYStart = (rect.bottom-rect.top)/2-10;
            hBrush = SelectObject(hdc, (HBRUSH)GetStockObject(GRAY_BRUSH));
            iTemp = iConsumerPointer;

            while (TRUE)
            {
                    Rectangle(hdc, iXStart+iTemp*20, iYStart, iXStart+(iTemp+1)*20, iYStart+20);
                    if (++iTemp >= BUFFER_SIZE)
                            iTemp = 0;
                    if (iTemp == iProducerPointer)
                            break;
            }

            SelectObject(hdc, hBrush);

            while (TRUE)
            {
                    Rectangle(hdc, iXStart+iTemp*20, iYStart, iXStart+(iTemp+1)*20, iYStart+20);
                    if (++iTemp >= BUFFER_SIZE)
                            iTemp = 0;
                    if (iTemp == iConsumerPointer)
                            break;
            }

            EndPaint (hwnd, &ps) ;
            return 0 ;
```

```
        case    WM_DESTROY:
            PostQuitMessage (0) ;
            return 0 ;
        }

        return DefWindowProc (hwnd, message, wParam, lParam) ;
}

DWORD WINAPI ProducerThread(LPVOID pVoid)
{
    int i;
    int iRandom;

    while (TRUE)
    {
        srand((unsigned)time(NULL));
        iRandom = rand()%MAX_PRODUCE_COUNT;
        if (iRandom == 0)
            iRandom++;

        //生产者申请 iRandom 个资源
        for (i=0; i<iRandom; i++)
            ASSERT( WAIT_OBJECT_0 == WaitForSingleObject (hProducerSemaphore, INFINITE) );

        //生产者生产 iRandom 个商品
        iProducerPointer = iProducerPointer+iRandom;
        if (iProducerPointer>=BUFFER_SIZE)
            iProducerPointer = iProducerPointer-BUFFER_SIZE;

        SendMessage(hWnd, WM_FORCE_PAINT, 0, 0);
        Sleep(SLEEP_TIME);

        //生产者生产了 iRandom 个商品，消费者有更多的商品消费了
```

```
        //所以为消费者释放 iRandom 个资源
        ASSERT(ReleaseSemaphore(hConsumerSemaphore, (long)iRandom, NULL));
    }

    return 0;
}

DWORD WINAPI ConsumerThread(LPVOID pVoid)
{
    while (TRUE)
    {
        //消费者申请到 Semaphore 和 Mutex 后,才能消费
        ASSERT( WAIT_OBJECT_0 == WaitForSingleObject(hConsumerSemaphore, INFINITE) );
        ASSERT( WAIT_OBJECT_0 == WaitForSingleObject(hConsumerMutex, INFINITE) );

        //消费者消费一个商品
        iConsumerPointer++;
        if (iConsumerPointer>=BUFFER_SIZE)
            iConsumerPointer = 0;

        SendMessage(hWnd, WM_FORCE_PAINT, 0, 0);
        Sleep(SLEEP_TIME/2);

        //消费者释放 Mutex
        ASSERT(ReleaseMutex(hConsumerMutex));

        //消费者消费了一个商品,buffer 中多了一个空闲位置,为生产者释放一个资源
        ASSERT(ReleaseSemaphore(hProducerSemaphore, (long)1, NULL));
    }

    return 0;
}

void ProduceAndConsume()
```

```
{
    int i;
    DWORD dwThreadID;

    iProducerPointer = 0;
    iConsumerPointer = 0;

 hProducerSemaphore = CreateSemaphore(NULL, BUFFER_SIZE, BUFFER_SIZE, NULL);
//创建生产者信号量，初始有 20 个资源
 hConsumerSemaphore = CreateSemaphore(NULL, 0, BUFFER_SIZE, NULL);
//创建消费者信号量，初始有 0 个资源
 hConsumerMutex = CreateMutex(NULL, FALSE, NULL);
//创建消费者 Mutex

 hProducerThread = CreateThread(NULL, 0, ProducerThread, NULL, 0, &dwThreadID);
    for (i=0; i<CONSUMER_COUNT; i++)
    {
        hConsumersThread[i] = CreateThread(NULL, 0, ConsumerThread, NULL, 0, &dwThreadID);
    }
}

void EndProduceConsume()
{
    int i;

    ASSERT(CloseHandle(hProducerSemaphore));
    ASSERT(CloseHandle(hConsumerSemaphore));
    ASSERT(CloseHandle(hConsumerMutex));
    ASSERT(CloseHandle(hProducerThread));
    for (i=0; i<CONSUMER_COUNT; i++)
    {
        ASSERT(CloseHandle(hConsumersThread[i]));
    }
}
```

7.4 多线程技术应用

本节主要介绍多线程游戏模型，在这之前，先介绍下传统的轮流游戏模型。

1. 轮流游戏模型

传统游戏软件的设计是基于轮流模型的。在设计多个游戏玩家或多游戏机的程序中，需要记录各玩家状态，并在切换时为每个玩家提供保存的功能。例如，有两个游戏玩家，轮流模型的算法如下。

（1）玩家 1 开始。
（2）玩家 1 玩游戏直到结束。
（3）玩家 1 的游戏状态被保存，玩家 2 开始。
（4）玩家 2 玩游戏直到结束。
（5）玩家 2 的游戏状态被保存（进行轮换）。
（6）将玩家 1 先前被保存的游戏重新加载，玩家 1 继续玩。
（7）返回步骤 2。

轮换发生于步骤 5，随后游戏便在两个玩家间轮流进行。假如有两个以上的游戏玩家，只需要简单地在他们之间进行轮换（一次只能一个人），直到轮换到最后一个玩家，然后再从头开始。

显然，在轮流模型算法中，具有三个致命缺点：无法描述个性目标；难以修改；程序的复杂度为 $O(n^2)$，其中 n 是游戏对象数。为此，提出了多线程模型。

2. 多线程游戏模型

针对轮流模型的弊端，对于多个玩家（或多游戏机），提出了多线程游戏模型，从而弥补了轮流模型的不足，使程序设计大大简化。多线程游戏模型的算法思想是：用独立的线程处理各玩家的动作，用指定线程处理特定功能模块。

各模块的功能描述如下。

主线程：响应玩家用户的输入，程序的初始化，提供前端人机界面，创建、关闭和协调运行其他线程。

资源管理线程：防止一个以上线程访问同一个资源。

音响输出线程：产生环绕音响效果。

游戏对象线程：对每个游戏对象（游戏玩家或机器），采用人工智能的"行为状态建模"描述受计算机处理的游戏单位的行为，程序部分位于刷新计算机游戏单位部分中，用独立线程进行处理。

其他处理线程：响应一些预定事件并进行相应处理。

在该模型中，"游戏对象线程"的核心是"行为控制算法"，在各游戏目标的行为控制算法中，关键就是要创建一个稳固的 FSM（有限状态机），它具备以下两个属性：一个是合理的状态数量，每个状态代表一个不同的目标或目的；一个是给 FSM 输入大量信息，如环境的状态和环境中的其他物体。因此，多线程游戏可由如下状态描述。

状态 1：向前运动。

状态 2：向后运动。

状态 3：转弯。

状态 4：停止。

状态 5：发射武器。

状态 6：追捕敌方。

状态 7：躲避敌方。

其中，状态 5、6、7 也许需要对子状态建模。

以经典的"龟兔赛跑"为例，将两个游戏精灵"乌龟"和"兔子"的行为分别用两个游戏对象线程处理，达到了预期效果。

游戏目标线程 1：处理"乌龟"的行为。

游戏目标线程 2：处理"兔子"的行为。

裁判控制线程：通过设置全局变量，控制"乌龟"和"兔子"的游戏目标线程的终止等状态。

用 VC++创建线程的部分代码如下。

```
HANDLE thread_handle[MAX_THREAD_NUM];
DWORD thread_Id[MAX_THREAD_NUM];
for(int index=0；index<MAX_THREAD_NUM，index++)
{
    thread_handle[index]=CreateThread(NULL,0,thread_function,(LPVOID)index,0,&thread_Id[index]);
}
DWORD WINAPI thread_function(LPVOID data)
{
    switch(data)
    {//根据 data 值，执行不同的线程函数
        case 0: …; break;
        case 1: …; break;
        case MAX_THREAD_NUM-1: …; break;
```

```
        }
    }
```
关闭线程的代码如下。
```
for(int index=0; index<MAX THREAD index++)
{
    CloseHandle(thread_handle[index]);
}
```

【小结】 可见，多线程技术能很好地解决多游戏对象的逻辑并发性和物理并行性问题。它不但简化了程序设计，还提高了程序的执行效率和资源利用率，同时亦实现了程序的可读性、稳定性和目标个性化等目标，在游戏开发中应用广泛。

习题 7

1．什么是进程？
2．什么是多线程技术？
3．利用所学知识搭建多线程游戏模型。

第8章 网络游戏世界管理模块

本章将介绍游戏世界管理模块，包括服务器的搭建、数据的压缩和加密及世界管理模块的构建和实现等相关内容。

8.1 服务器搭建

本节将为读者介绍服务器搭建的知识。从服务器的基本概念入手，分析服务器的安全性，并对服务器的配置方案进行详细介绍。

1. 服务器的概念

服务器是指管理资源并为用户提供服务的计算机软件，通常分为文件服务器、数据库服务器和应用程序服务器。运行以上软件的计算机或计算机系统也被称为服务器。相对于普通PC来说，服务器在稳定性、安全性、性能等方面均要求更高，因此CPU、芯片组、内存、磁盘系统、网络等硬件和普通PC有所不同。

2. 服务器的安全性

Internet上任何一台计算机都是网络黑客试图攻击的对象，安全问题显得尤为重要。特别是对于企业和教育单位的网络服务器而言，地址和服务项目的公开使黑客的攻击有了目标和可利用的漏洞。

黑客可利用版本的漏洞有针对性地发起攻击。特别是某些低版本系统的安全性漏洞已广为流传，黑客很容易入侵。而网络服务器往往存储了大量的重要信息，或向大量用户提供重要服务，一旦遭到破坏，后果不堪设想。因此，网站建设者更需要认真对待有关安全方面的问题，以保证服务器的安全。

对于网站管理人员而言，日常性的服务器安全保护主要包括四方面。

文件存取合法性：任何黑客入侵行为的手段和目的都可认为是非法存取文件，这些文件包括重要数据信息、主页页面 HTML 文件等。这是计算机安全最重要的问题，一般来说，未被授权的用户进入系统，都是为了获取正当途径无法取得的资料或进行破坏活动。良好的口令管理（由系统管理员和用户双方配合）、登录活动记录和报告、用户和网络活动的周期检查都是防止未授权存取的关键。

用户密码和用户文件安全性：这也是计算机安全的一个重要问题，要防止已授权或未授权的用户相互存取彼此的重要信息。文件系统查账、su 登录和报告、用户意识、加密都是防止泄密的关键。

防止用户损坏系统的管理：此方面的安全应由操作系统完成。操作系统应该有能力应付任何试图或可能对它产生破坏的用户操作，较典型的例子是一个系统不应被一个有意使用过多资源的用户损害（例如，导致系统崩溃）。

防止系统崩溃：此方面与一个好的系统管理员的实际工作有关，例如，系统管理员应定期地备份文件系统，系统崩溃后运行 fsck 检查、修复文件系统，当有新用户时，检测该用户是否使用可能使系统崩溃的软件；也和保持可靠的操作系统有关，即用户不会经常使系统崩溃。

3. 服务器的配置

关于服务器的常规配置，如安全地安装系统、设置和管理账户、关闭多余的服务、审核策略、修改终端管理端口、配置 MS-SQL、删除危险的存储过程、用最低权限的 public 账户连接等，在此不作赘述。

Windows 2003 服务器的磁盘设置有些细节值得注意：C 盘只赋予 Administrators 和 SYSTEM 权限，其他的权限被禁止；其他盘的 SYSTEM 权限可以根据需要进行设置，对于以服务形式启动的第三方应用程序需要加上这个用户，否则会导致应用不能启动。加入 Administrators 用户如图 8-1 所示。

此外，在 C:/Documents and Settings/中的权限设置相当重要，下级目录中的权限不会继承前面的设置，如果 Administrators 仅具有 C 盘的操作权限，在 All Users/Application Data 目录下会出现用户 everyone，他具有完全控制权限，入侵者则可跳转到此目录，写入脚本或只读文件，再利用其他漏洞提升自己的权限，例如，可利用 serv-u 的本地溢出、系统漏洞补丁、数据库弱点，甚至社会工程学等很多方法提升权限。有人曾说过："只要给我一个 webshell，我就能拿到 system"，这的确是可能的。

另外，还需要将 net.exe、cmd.exe、tftp.exe、netstat.exe、regedit.exe、at.exe、attrib.exe、cacls.exe 文件都设置成只允许 Administrators 用户访问来防止越权操作。

还可以禁止所有不必要的服务，尽管这些服务不一定能被攻击者利用，但根据安全规则和标准，关闭不必要的服务可消除一个隐患。

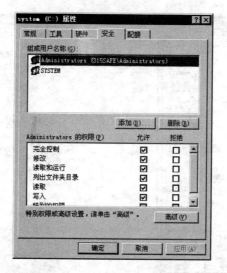

图 8-1 加入 Administrators 用户

在"网络连接"中，删除不需要的协议和服务，在此仅安装了基本的 Internet 协议（TCP/IP），由于要控制带宽流量服务，所以另外安装了 QoS 数据包计划程序，如图 8-2 所示。在"高级 TCP/IP 设置"对话框中的 WINS 选项卡中的"NetBIOS 设置"选项组中，选择"禁用 TCP/IP 上的 NetBIOS"选项，如图 8-3 所示。在"本地连接属性"对话框中选择"高级"选项卡，勾选"Internet 连接防火墙"选项组中的复选框，如图 8-4 所示。此为 Windows 2003 自带的防火墙，虽然在 Windows 2000 系统中没有此项功能，但仍然可以屏蔽端口，这样已经基本达到了一个 IPSec（Internet Protocol Security，网络安全性协议）的要求。

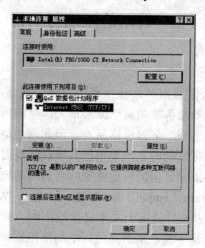

图 8-2 安装了 Internet 协议（TCP/IP）

8.1 服务器搭建

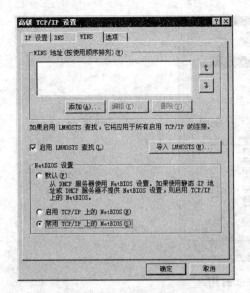
图 8-3　禁用 TCP/IP 上的 NetBIOS

图 8-4　启用 Internet 连接防火墙

按照所需要的服务开放响应的端口。在 Windows 2003 系统里，不推荐用 TCP/IP 筛选里的端口过滤功能，例如在使用 FTP 服务器时，若仅开放 21 号端口，由于 FTP 协议的特殊性——具有特有的 Port 模式和 Passive 模式，在进行数据传输时，需要动态地打开高端口，使用 TCP/IP 过滤会经常出现连接后无法列出目录和数据传输的问题。而 Windows 2003 系统增加的 Windows 连接防火墙能很好地解决这个问题，因此不推荐使用网卡的 TCP/IP 过滤功能。

8.2　数据的压缩与加密

1. 数据的压缩

现今的网络游戏中，一台游戏服务器往往要同时连接成百上千个玩家，需要同时与大量的客户端通信，这就导致了游戏服务器的网络流量很大，又因为带宽的限制，网络流量很可能成为游戏服务器的瓶颈。由于游戏服务器价格昂贵，因此增加单台服务器的承载量，则意味着降低成本；但服务器受到网络带宽的限制，要增加其承载量就要降低网络流量；当然也可以通过增加带宽的方式来增加网络流量，但同时也就意味着费用的增加。

LZW 压缩算法是由 Abraham Lempel、Jacob Ziv 和 Terry Welch 提出的基于表查询的压缩算法。LZW 压缩算法长期以来被广泛用于文本文件的压缩，它主要在压缩时动态生成字典，解压缩时根据已解压的数据重建字典，从而完成压缩与解压缩。游戏服务器利用 LZW 算法压缩数据包可减小服务器的网络流量，降低成本。

对于每个与游戏服务器建立网络连接的客户端，均为其设置一个与游戏服务器对应的压缩模块，压缩模块将客户端和游戏服务器之间所发送的数据先压缩再发送，将所接收到的数据解压缩。

每个压缩模块均对应一个字典，字典是一个字符编码集。在压缩时，压缩模块将需要压缩的数据字符串转化为一个字典内的编码；在解压缩时，通过编码压缩模块可在字典中检索到对应的字符串，从而完成对压缩数据的解压缩。当字典的内容达到一定长度，压缩模块将原有的字典数据清除，并写入重建字典的特殊字符。在解压缩时，一旦读到这一特殊字符，解压模块便会重建字典。

可将网络数据视为一个无限大的文件，只是在每个数据包结束时，需要加上一个代表数据包结束的特殊编码，即字典内的编码，以便在解压缩时通过字典找到相应的数据字符串，将数据包分离出来。数据包发送和接收过程如图8-5所示。

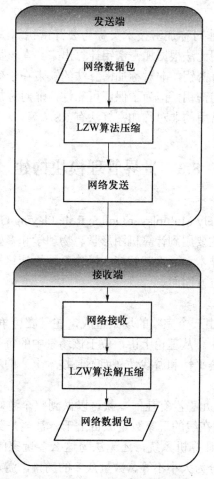

图8-5 数据包发送和接收过程

2. 数据的加密

网络游戏已经成为网络业三大赢利且利润丰厚的领域之一，但由于网络黑客对游戏的破坏，许多网络游戏被迫关闭，因此必须对网络黑客常用的游戏解密行为进行剖析，以便游戏编程人员和开发商了解其破解方式，并在游戏底层阻断黑客的破坏行为。

（1）对称加密技术。对称加密算法（Symmetric Algorithm），又称为传统密码算法，它要求发送方和接收方在通信前商定一个密钥。对称算法的安全性依赖于密钥，泄漏密钥就意味着任何人都可对他们发送或接收的消息进行解密，所以密钥的保密性对通信至关重要。对称加密算法的优点在于效率高、速度快，其缺点在于密钥的管理过于复杂。假设有 N 个用户进行对称加密通信，若按照上述方法加密，则要产生 $N(N-1)$ 把密钥，每个用户要记住或保留 $N-1$ 把密钥，当 N 很大时，用户很难记清楚，而保留密钥又会增加泄漏的可能性。常用的对称加密算法有 DES、DEA 等。

（2）非对称加密技术。非对称加密技术又称为公开密钥算法，其加密所用的密钥不同于解密所用的密钥，且解密密钥无法根据加密密钥计算出来。在该加密算法中，加密密钥称为公开密钥，而解密密钥称为私有密钥。非对称加密算法的缺点在于效率低、速度慢，其优点在于用户不必记忆大量的已商定的密钥。但为了保证可靠性，非对称加密算法需要一种与之相配合使用的公开密钥管理机制，常用的非对称加密算法有 RSA 等。

8.3 世界管理模块构建

一个 MMORPG（Massively Multiplayer Online Role Playing Game）的架构包含客户端和服务器两部分。客户端的开发主要用到计算机图形学、物理学和多媒体技术等知识，服务器主要涉及网络通信技术和数据库技术，而人工智能、操作系统等计算机基础学科知识的应用则体现在 MMORPG 开发过程中的方方面面。

1. 游戏世界的划分

理想状态的游戏世界仅由一个完整的场景组成，在《魔兽争霸 III》、《CS》类的单机游戏中，所有玩家位于该场景中。从理论上讲，位于该场景中的每一位玩家都可以看到游戏中所有玩家并与之交互，但出于公平性和游戏性（而不是技术上）的考虑，实际上游戏中并不会如此处理。

目前的 MMORPG 中，几乎没有任何一款可以做到整个游戏世界只包含一个场景，因为在一款 MMORPG 中，同时在线的玩家数量成百上千，甚至是数万人同时在一个游戏世界中交互。以现在的网络技术和计算机系统，还无法为这么多玩家的交互提供即时处理。因此，MMORPG 的游戏世界被划分为大小不等、数量众多的场景，游戏服务器对于这些场景的处理分为两种：分区和无缝。

在分区式服务器中，一个场景中的玩家无法看到另一个场景中的玩家，当玩家从一个场景跨越到另外一个场景时，都有一个数据转移和加载的过程（尤其是从一个分区服务器跨越到另一个服务器时），玩家均需等待一段的时间。在这段时间内，服务器的主要工作是实现跨越玩家数据的转移、加载和后一个场景中玩家、NPC 等数据的传输。客户端的主要工作是实现新场景资源的加载和服务器通信。时间的长短主要取决于后一个场景中资源数据的大小。分区式服务器的优点在于各分区服务器保持相对独立，缺点是游戏空间不够大，而且，一旦某个分区服务器中止服务，位于该服务器上的所有玩家将失去连接。

在无缝服务器中，玩家几乎察觉不到场景间的切换，在场景间没有物理上的屏障。对于玩家而言，众多场景构成了一个巨大的游戏世界。场景之间，甚至服务器之间"没有了"明确的界线。因此，无缝服务器为玩家提供了更广阔的游戏空间和更友好的交互。实现了动态边界的无缝服务器，甚至可在某服务器中止服务时，按一定策略将负载动态分散到其他服务器。因此，无缝服务器在技术上要比分区式服务器更加复杂。

目前在国内上市的 MMORPG 大多采用分区式服务器，实现无缝世界的主要有《完美世界》和《天下贰》等，国外的 MMORPG，如《魔兽世界》和《EVE》等，都实现了无缝世界。

无缝服务器与分区式服务器在技术上的主要区别是：当位于场景 S1 中的玩家 P1 处于两个（甚至更多）场景 S1、S2 的边界区域内时，要保证 P1 能够看到场景 S2 中的建筑、玩家、NPC 等可感知对象。边界区域要大于等于 P1 可感知的范围，否则可能发生 S2 中的可感知对象突然闪现在 P1 视野中的异常现象。

无疑，无缝世界为玩家提供了更人性化和更具魅力的用户体验。

2. 无缝世界游戏服务器的整体架构

从功能上划分，MMORPG 服务器架构可分为三种：登录服务器（Login Server）、世界服务器（World Server）和节点服务器（Node Server）。

（1）登录服务器。登录服务器用于验证登录的玩家，根据系统所记录的玩家信息获知其所在的节点服务器，并通过世界服务器为登录的玩家和其对应节点服务器建立连接。

（2）世界服务器。世界服务器将整个游戏世界划分为不同场景，将所有场景按一定策略分配给节点服务器，并对节点服务器进行管理。世界服务器的另一个功能是与登录服务器交互，它是登录服务器和节点服务器之间沟通的桥梁。一旦玩家登录成功，世界服务器将主要处理节点服务器间的通信，它对于玩家是透明的。

（3）节点服务器。节点服务器负责管理位于该节点的所有玩家和 NPC 之间的交互，在无缝世界游戏中，由于边界区域的存在，一个节点服务器还需要处理相邻节点上位于边界区域的玩家和 NPC 的信息。

在实现 MMORPG 时，不同的 MMORPG 为了便于管理，可能还会具有 AI 服务器、日志服务器、数据库缓存服务器和代理服务器等。

3. 无缝世界游戏服务器的主要技术需求

（1）编程语言（C/C++、SQL、Lua、Python）。
（2）图形库（Direct 3D、OpenGL）。
（3）网络通信（WinSock、BSD Socket 或者 ACE）。
（4）消息、事件、多线程、GUI。
（5）OS。

4. 无缝世界游戏服务器需要解决的主要问题

（1）资源管理。无论是服务器还是客户端，都涉及大量资源，其中包括玩家数据、NPC数据、战斗公式、模型资源、通信资源等。当这些资源达到一定规模时，其管理难度不可忽视。而且，资源管理得好坏，直接关系到游戏的安全和生命。

（2）网络安全。安全永远是第一位的，谁也无法保证所有玩家及其所持的客户端始终是友好的。事实上，威胁到游戏的公平性和安全性的大多数问题，归根结底都是网络通信中存在的欺骗和攻击造成的，这些问题包含但不限于交易欺骗和物品复制。

（3）逻辑安全。游戏中逻辑安全是应该考虑的最基本问题，覆盖的范围也最广、最杂。随机数系统是一个值得重视的问题，随机数不仅仅用于玩家可见的一些任务系统、战斗公式、人工智能和物品得失等，还可用于网络报文加密等。因此，随机数系统本身的安全不容忽视。另外一个常见的逻辑安全是玩家的移动，最主要的就是防止"加速齿轮"这样的异常操作。

（4）负载均衡。MMORPG 中的负载均衡包括客户端及服务器资源管理和逻辑处理的负载均衡，其中最难预知的是网络通信的负载均衡，正常情况下的网络通信数量是可以在游戏设计时做出评估的，但恶意攻击造成的网络负载是无法预测的。因此，负载均衡需要解决的问题包括负载监控、负载分析、负载分发和灾难恢复，其中主要处理的问题是实时动态负载均衡和灾难恢复。

（5）录像系统。录像系统的构建，主要用于重现关键数据的输入输出，如玩家交易和玩家充值，或当 Bug 出现后，为逻辑服务器（泛指上文提到的所有类型服务器，主要是节点服务器）相应部分启动录像系统。待收集到足够数据后，通过录像系统重现 Bug。为了使逻辑服务器不受自身时间变化（如发生中断调试等）的影响，还可专门设计心跳服务器以控制数据传输。

8.4 世界管理模块实现

在游戏服务器中，每个游戏区的服务器都对应着一个网关服务器、若干个场景服务器、聊天服务器和数据服务器等。

1. 网关服务器协议处理

网关服务器主要负责对协议的接收、处理以及分发等操作，它维护服务器与客户端的连接，负责管理客户端的连接请求、连接断开、数据接收及发送，是服务器与客户端的一个中转站。

网关服务器可处理的协议必须经过注册，如此可避免受到协议攻击而导致的服务器瘫痪。协议还必须满足一些校验算法，以保证协议不被恶意修改。

协议注册的代码如下。

```
Bool CCityServer::OnRegProtocol()
{
    //账号协议
    REGISTER_PROTO(AccountCheck);

    //用户协议
    REGISTER_PROTO(UserLogin);
    REGISTER_PROTO(UserExit);
}
```

协议分发的代码如下。

```
Bool   CCityServer::OnRecvProtocol(Hawk::SID   iSid,HawkProtocol*  pProto,const  AString& sAddr)
{
    ProtoType iType = pProto->GetType();

    //如果协议的类型与已注册的协议相对应，则分发给响应的对象及函数去处理
    if (iType == ProtocolId::USER_LOGIN)
    {
        UserLogin* pCmd = (UserLogin*)pProto;
        OnUserLogin(iSid,pCmd);
        HawkNetManager::SafeSession session(iSid);
        if (session.IsObjValid())
        {
            session->SetExternData("ObjType",(PVoid)USER_OBJ);
        }
    }
```

```
        return HawkSvrApp::OnRecvProtocol(iSid,pProto,sAddr);
}
```

2. 服务器对象管理

由于服务器中存在很多游戏对象，对象的管理就显得格外重要。服务器能平稳运行，做到无内存泄露，很大程度上取决于对象的管理。

```cpp
class SVR_API HawkSvrObjManager : public HawkRefCounter
{
public:
    HawkSvrObjManager();
    virtual ~HawkSvrObjManager();

    typedef HawkObjManager<XID,HawkSvrObj>    ObjManager;
    typedef map<SvrObjType,ObjManager*>       ObjManagerMap;
    typedef map<SID,XID>                      SidXidMap;
    typedef map<XID,SID>                      XidSidMap;

    class SVR_API SafeSvrObj : public ObjManager::SafeObj
    {
    public:
        SafeSvrObj(XID sId = XID());
        ~SafeSvrObj();
    };

public:
    virtual Bool    Init();
    virtual Bool    Start();
    virtual Bool    Stop();

public:
    //注册对象
    virtual ObjManager* RegisterObjMan(SvrObjType iType);
    //获取相应对象管理器
    virtual ObjManager* GetSvrObjMan(SvrObjType iType);
    //创建对象
```

```cpp
    virtual HawkSvrObj*    CreateSvrObj(const XID& sId,SID iSid = 0);
    //获取对象
    virtual HawkSvrObj*    GetSvrObj(const XID& sId);
    //更改对象 ID
    virtual Bool           ChangeSvrObjSid(const XID& sId,SID iSid);
    //通过会话 ID 获取对象 ID
    virtual XID            GetXidBySid(SID iSid);
    //通过对象 ID 获取会话 ID
    virtual SID            GetSidByXid(const XID& sId);
    //收集管理器中所有对象 ID
    virtual Int32          CollectXID(SvrObjType iType,XIDVector& vXid);
    //收集管理器中所有会话 ID
    virtual Int32          CollectSID(SvrObjType iType,SIDVector& vSid);
    //删除对象
    virtual Bool           DeleteSvrObj(const XID& sId);
    //生成对象 ID
    virtual XID            GenerateXID(SvrObjType iType);

protected:
    ObjManagerMap      m_mObjManager;
    HawkSynchMutex*    m_pSidXidLock;
    HawkSynchMutex*    m_pXidSidLock;
    SidXidMap          m_mSidXid;
    XidSidMap          m_mXidSid;
};
```

【小结】 服务器是网络游戏最核心的部分，也是游戏是否能成功运营的重要因素之一。本章重点介绍了在服务器端搭建和管理网络游戏世界的相关内容。

习题 8

1．如何搭建服务器？
2．如何压缩和加密数据？
3．利用所学知识搭建世界管理模块。

第 9 章　网络游戏开发实例

网络通信技术是网络游戏开发中很重要的一部分。目前，自适配通信环境（Adaptive Communication Enviroment，ACE）是开发网络游戏中网络通信层的热门技术，本章将首先介绍 ACE 的整体架构，然后介绍 ACE 中常用的 Wrapper Facade，最后以一个实例讲解 ACE 在服务器开发过程中的实际应用。

9.1　ACE 架构介绍

ACE 是被业界广泛使用的功能强大的 C++工具包，可使开发者更轻松、快速地开发出可移植的、高性能的应用程序。ACE 将常见的网络化和多线程化功能应用进行了封装，采用先进的设计提供了更高的灵活性和稳定性。开发者可直接利用 ACE 工具包进行开发，可节省开发成本，提高项目开发速度。ACE 工具包的设计采用了分层架构，其组成部分如图 9-1 所示。

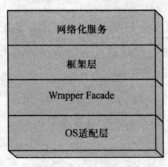

图 9-1　ACE 分层架构

最底层的 OS 适配层将常用的系统级操作函数进行了封装。ACE 是一个跨平台的中间件，ACE 为所有支持它的平台提供了统一的系统函数库，这些函数提供了诸如线程、进程和文件操作等方面的功能。若原生平台未提供某类似的函数，ACE 会尝试为其模拟该函数。对于已有的函数，ACE 经常使用内联，消除函数调用时的额外时间开销以提供最好的性能。

第二层是 Wrapper Facade 层。一个 Wrapper Facade 由一个或多个类组成，采用面向对象的设计，将线程操作、进程操作、网络操作和同步操作等几个方面的功能进行了封装。使用这些 Wrapper Facade 类时，开发者可以有选择地对其进行集成、复用或实例化。

第三层是框架层。框架是一组集成度较高的组件，它们相互协作，为特定领域的应用提供可复用的框架。框架层集成了所有 Wrapper Facade 类，实现高效的控制和协作，为开发高级应用提供支持，但不局限于特定应用。框架为开发者提供了大规模复用软件的能力，开发者可复用框架实现其功能需求。

最顶层的网络化服务层则可提供完整的、集成度更高的服务。当用户有更高级的特定应用时，可直接使用这些服务完成需求。

每一层都会复用低一层中的类和函数，并为上一层的功能提供支持。使用 ACE 解决问题时，可根据实际问题的深入程度，选择一个适合的层面加以利用。若 ACE 中的服务恰好提供了用户所需的功能，用户可直接使用该服务，节省开发时间。即使无类似功能，用户也可复用 ACE 提供的框架，针对相应问题进行改动，灵活地解决自己的问题。

9.2　ACE Socket Wrapper Facade

ACE 提供了一组 C++类对网络化服务进行封装。众所周知，已有的 Socket API 在开发过程中存在着使用不便、不易移植、类型不安全等问题。ACE 采用了 Wrapper Facade 模式，对已有的 Socket API 进行了封装，将这些函数和数据封装到一些面向对象的接口中。ACE Socket Wrapper Facade 中的类如图 9-2 所示。

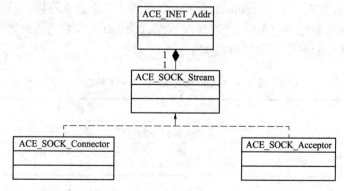

图 9-2　ACE Socket Wrapper Facade 结构

Socket Wrapper Facade 中主要包含三个组成部分。

连接器：ACE_SOCK_Connector 是 C/S 架构中的客户端，可主动发起一个远程连接。

接收器：ACE_SOCK_Acceptor 是 C/S 架构中的服务端，被动地等待来自远程的连接。

数据流：ACE_SOCK_Stream 是通信过程中的通信对象。连接创建成功后，会生成一个数据流对象，在服务器和客户端之间交换数据。

ACE_INET_Addr 中的接口如表 9-1 所示。

表 9-1 ACE_INET_Addr 接口

接口	接口描述
ACE_INET_Addr() set()	设定主机名、IP 地址，或者端口号来初始化网络地址
string_to_addr()	将字符串转化为 ACE_INET_Addr 对象
addr_to_string()	将 ACE_INET_Addr 对象转化为字符串
get_port_number()	返回网络端口号
get_host_name()	返回主机名或 IP 地址

ACE_SOCK_Connector 中的接口如表 9-2 所示。

表 9-2 ACE_SOCK_Connector 接口

接口	接口描述
Connect(ACE_SOCK_Stream stream, ACE_INET_Addr addr, ACE_Time_Value* timeout)	主动发起到一个远程地址的网络连接。用户可以指定阻塞、非阻塞或者定时三种模式
Complete(ACE_SOCK_Stream stream, ACE_INET_Addr addr, ACE_Time_Value* timeout)	结束一个非阻塞连接并创建一个 ACE_SOCK_Stream 对象

在使用 ACE_SOCK_Connector::connect 建立一个连接时，可通过指定 timeout 参数来设定连接模式。当 timeout 为 NULL 时，表示 connect 为阻塞模式，无限期地阻塞下去；当 timeout 对象中的时间设定为 0 时，表示 connect 为非阻塞模式，立即建立连接，若连接失败，则返回错误。当 timeout 参数设定为一个特定时间时，表示 connect 方法将等待一段时间。

ACE_SOCK_Acceptor 中的接口如表 9-3 所示。

表 9-3 ACE_SOCK_Acceptor 接口

接口	接口描述
open(ACE_INET_Addr addr)	初始化 Socket 工厂，开始监听一个网络地址
Accept(ACE_SOCK_Stream stream)	接受一个网络连接，并初始化一个 ACE_SOCK_Stream 对象

ACE_SOCK_Acceptor 是一个工厂类，设定一个网络地址后，便可调用 open 方法进行监听，然后可调用 accept 函数被动等待网络连接。accept 操作是一个阻塞操作，阻塞等待网络连接行为。当网络连接信号到达后，aceept 函数会初始化并返回一个 ACE_SOCK_Stream 数据流对象，便可接收和发送数据。

ACE_SOCK_Stream 中的接口如表 9-4 所示。

表 9-4　ACE_SOCK_Stream 接口

接　　口	接　口　描　述
send() recv()	发送和接收缓存区中的数据
send_n() recv_n()	发送和接收恰好为 n 个字节的缓存区数据
sendv_n() recvv_n()	利用 OS 的分散读取和集中写入功能，高效完整地接收、发送多个缓存区数据

数据流对象 ACE_SOCK_Stream 中封装了 Socket API 中的发送数据和接收数据的功能，并提供了一组使用方便的 API。开发者可调用这些 API 发送一个普通的数据包或指定长度的数据包，若利用操作系统的特性，还可批量发送一组数据包。如同接收器和连接器一样，数据流对象也支持"阻塞"、"非阻塞"和"定时"三种模式。开发者可设定不同的 timeout 参数用以选择使用何种模式。

9.3　ACE 进程 Wrapper Facade

ACE 对多个操作系统的多进程机制进行了封装。在进程管理方面，不同操作系统平台均有各自的 API，这为移植程序带来了障碍。进程 Wrapper Facade 的组成部分如图 9-3 所示。

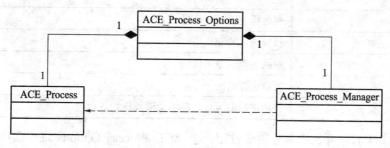

图 9-3　ACE Socket Wrapper Facade 结构

ACE_Process_Options 类封装了进程的一些属性，如进程文件名和命令行参数等。ACE 将操作系统中的进程模拟为一个 ACE_Process 对象，提供了更方便的进程操作。ACE_Process_Manager 可管理多个 ACE_Process 对象。

ACE_Process_Options 类封装了不同操作系统中的进程属性，如程序文件名、进程工作路径和环境变量等。ACE_Process_Options 去除了原有进程操作中进程参数和创建进程之间的耦合，方便用户进行开发。该类的接口如表 9-5 所示。

表 9-5 ACE_Process 封装进程属性接口

接口	接口描述
setenv()	为进程添加设定环境变量
command_line()	设定新创建进程的命令行参数
working_directory()	设定进程的工作路径
set_handles()	设定进程用到的文件句柄

ACE_Process 将操作系统中的进程封装为一个类，该类为各操作系统平台的进程管理提供了统一的、可移植的方法，可访问进程属性，创建和终止一个进程，并提供进程的同步。该类的接口如表 9-6 所示。

表 9-6 ACE_Process 统一进程管理接口

接口	接口描述
prepare()	该函数会在进程创建之前被调用，用以读取或更改进程的一些属性
spawn()	创建一个新的进程
unmanage()	当进程退出时，被 ACE_ProcessManager 调用
parent()	在父进程环境中被调用
child()	在子进程中被调用
kill()	向进程发送关闭信号
getpid()	获得进程的 id
exit_code()	返回进程的退出代码
wait()	等待进程退出
terminate()	终止进程的运行，但不会清理进程内存

在使用这个类时，开发者首先需要设定一个 ACE_Process_Options 进程选项，设定进程的文件路径和命令行参数等信息，然后创建一个 ACE_Process 对象，再调用进程的 spawn()函数创建进程。在创建完成后，可在父进程中使用 wait()函数等待进程执行完毕。在进程执行过程中，开发者也可调用 terminate()函数强制终止一个程序的运行，但需要注意的是，这个函数不

会给程序清理内存的机会，须谨慎使用。

在网络应用中，往往需要多个进程共同协作、相互配合以提供一个复杂的服务。ACE_Process_Manager 为这种功能提供了支持。该类的接口如表 9-7 所示。

表 9-7 ACE_Process 多线程管理接口

接口	接口描述
open()	初始化 ACE_Process_Manager
close()	清理 ACE_Process_Manager
instance()	返回 ACE_Process_Manager 单例的一个指针
spawn()	创建并运行一个进程
spawn_n()	同时创建一组进程
wait()	等待所有进程退出

类似于 ACE_Process，ACE_Process_Manager 也需要用到 ACE_Process_Options。不同之处在于：ACE_Process_Manager 可利用同一个 option 对象创建多个进程实例，每个进程都有相同的进程属性。ACE_Process_Manager 也支持利用不同的 option 对象创建不同的进程。当进程创建完成后，可以调用 wait() 函数等待所有进程运行结束。

9.4 ACE 线程 Wrapper Facade

在早期的网络化应用中，为了完成复杂的应用，经常采用多进程的方式。但多进程的方式存在一些问题，例如，多进程之间需要解决内存共享的问题，进程之间的调度问题等。目前，大多数操作系统平台均可在一个进程中支持多个线程。与进程相比，线程的开销要小，在内存操作、同步操作等方面都有显著的优势。因此，目前的网络应用中经常采用多线程机制。ACE 线程 Wrapper Facade 对多线程机制提供了支持，可提供更方便和更灵活的多线程操作，其组成部分如图 9-4 所示。

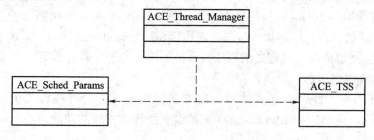

图 9-4 ACE 线程 Wrapper Facade 组成

ACE_Thread_Manager 能创建可移植的线程,并管理所创建线程的属性和运行情况。ACE_Sched_Params 封装了操作系统中关于线程调度的功能,可控制线程的各种属性。ACE_TSS 则封装了线程专有的存储机制,使用只能被线程私有的内存,不会被其他线程破坏而受到影响。

在线程的创建和管理中,各大操作系统平台存在着较大差异,这给开发者带来了开发上的不便和维护上的难度。ACE_Thread_Manager 封装了各操作系统平台的线程操作 API,并提供了统一接口,方便开发者使用,且可轻松地移植到另一个平台上。ACE_Thread_Manager 所包含的接口如表 9-8 所示。

表 9-8 ACE_Process 接口

接口	接口描述
spawn()	给定一个线程函数和函数参数,来创建一个新的线程
spawn_n()	创建 n 个拥有同样线程执行函数和参数的线程
join()	等待一个线程退出并获取该线程的退出状态
wait()	等待所有创建的线程全部完成
cancel_call()	请求所有创建的线程全部退出
testcancel()	查看某一个线程是否已经被要求退出
exit()	结束一个线程并释放该线程的资源
close()	关闭线程管理器,退出所有创建的线程,并释放所有线程的资源
instance()	返回一个 ACE_Thread_Manager 的单例指针

ACE_Thread_Manager 的 spawn 方法通过接收一个入口函数和线程所需要的参数来创建一个线程。入口函数应是一个静态函数,而不应是一个类中的成员函数。为了保证各平台的通用性,函数参数应是一个 void*指针。开发者首先需要将参数转化为 void*,并在入口函数中转换回所需的指针类型。spawn_n 方法可同时创建一组线程,方便开发者创建一个工作组线程。创建线程后,可调用 wait()函数等待线程全部完成。wait()函数是一个阻塞操作,当全部线程退出后,才会继续执行。在线程执行过程中,也可调用 cancel_call 函数请求所有线程退出,或调用 exit()函数强制退出某一线程并清理该线程的资源。在整个程序结束前,需要调用 close()函数确保所有线程得到清理,避免内存泄露。

在多线程环境中,经常会遇到线程调度方面的问题,需要对线程的优先级进行实时控制。如表 9-9 所示,ACE_Sched_Params 类支持设置线程优先级的功能。

表 9-9 ACE_Process 线程调度接口

接　口	接　口　描　述
ACE_Sched_Params()	实时设置线程的调度策略、优先级和范围
priority_min()	得到某一调度策略中的最低优先级
priority_max()	得到某一调度策略中的最高优先级
next_priority()	给定一个调度策略、优先级和范围，给出一个较高的优先级
previous_priority ()	给定一个调度策略、优先级和范围，给出一个较低的优先级

ACE_Sched_Params 封装了设置调度线程优先级的操作系统函数，用户可指定一个调度策略、范围或优先级，为调度线程设置一个所需的优先级。开发者可在调用 ACE_Thread_Manager::spawn()函数创建线程时，指定线程的优先级策略，也可在线程运行过程中，使用 ACE_OS::thr_prio()函数实时地设定线程的优先级。

在多线程机制中，每个线程都有各自的线程专有对象，如 C 语言中的 error 变量，但进程中的其他线程也可访问该 error 变量，这会带来使用上的复杂性和不必要的错误。因此，ACE 提供了 ACE_TSS 类对线程的私有属性和内存等内容进行管理，其所提供的接口如表 9-10 所示。

表 9-10 ACE_Process 线程私有属性和内存管理接口

接　口	接　口　描　述
operator->()	得到在 TSS 中的线程专有对象
cleanup()	在线程退出时，删除 TSS 对象

ACE_TSS 支持将某一对象视为线程所专有，如此，则可更好地保护数据的安全使用。ACE_TSS 重载了 operator ->运行符，提供智能指针方式的调用。ACE_TSS 模板使用代理模式，开发者只需在 TSS 模版中实例化某一对象，该对象便能成为一个线程专有对象。

9.5 ACE 同步 Wrapper Facade

在多进程/多线程环境中，多个并发线程/进程可能会同时并发访问某些共享资源。为了保证各进程/线程访问资源的次序，防止破坏共享资源的完整性，进程/线程对资源的访问必须保持同步。因此，操作系统平台提供了诸如互斥锁、信号量和条件变量等同步机制以确保不会出现"竞态条件"（Race Condition）。ACE 同步 Wrapper Facade 为各操作系统平台提供了统一的同步接口。利用该 Wrapper Facade，开发者可以可移植地实现对进程、线程的同步控制。

同步 Wrapper Facade 包含 4 种同步机制类，如表 9-11 所示。

表 9-11 Wrapper Façade 4 种同步机制类

Guard 类	Mutex 类	Semaphore 类	Condition 类
ACE_Guard ACE_Read_Guard ACE_Wirte_Guard	ACE_Thread_Mutex ACE_Process_Mutex ACE_Null_Mutex ACE_RW_Read_Mutex ACE_RW_Process_Mutex	ACE_Thread_Semaphore ACE_Process_Semaphore ACE_Null_Semaphore	ACE_Condition_Thread_Mutex ACE_Null_Condition

第一类为 Guard（守卫）类，它利用 C++的 Scoped Locking 方法保证当线程进入某一代码区域时，能自动加锁和释放锁。Guard 类的设计思想是：在 Guard 的构造函数中获取某一锁，同时在析构函数中释放该锁。C++在进入一个代码域时会自动调用对象的构造函数，离开时会自动调用析构函数，Guard 类利用此特性实现自动地加锁和释放锁，避免了重复加锁和忘记释放锁的现象，保证了程序的健壮性。

如下面伪代码所示，只需在代码域中增加一个 Guard 对象，便可保证正确地使用锁。当实际代码有多个返回路径、流程中有多个条件分支时，此方法尤为有效。为了配合读、写锁的使用，ACE 还提供了专用的读取锁的类 ACE_Read_Guard 和写入锁的类 ACE_Write_Guard。

```
{
    ACE_Guard guard(mutex);
    …//实际工作代码
}
```

第二类为 Mutex（互斥体）类，是各操作系统中使用最频繁的一类同步机制。利用这种互斥体，并发的线程/进程可实现串行访问共享资源。同步 Wrapper Facade 封装了各操作系统平台上的互斥锁对象，提供了统一的接口，如表 9-12 所示。

表 9-12 锁 接 口

接 口	接口描述
acquire()	获取一个锁
release()	释放一个锁
acquire_read()	获取读取锁
release_read()	释放读取锁
acquire_write()	获取写入锁
release_write()	释放写入锁

ACE_Thread_Mutex 和 ACE_Process_Mutex 分别适用于多线程和多进程之间的互斥对象。在一个线程/进程访问某共享资源时，采用 acquire()方法对该资源加锁，此时其他线程/进程在访问该资源时便会被阻塞，直到当前线程调用 release()方法释放该锁后，其他线程/进程才会被唤醒，得以访问该资源。ACE_Null_Mutex 是 NullObject 模式的一种应用，其加锁和释放锁操作都是空操作。在不需要同步操作的平台下，开发者只需修改少量代码，便可实现多线程环境到单线程环境的移植。

对于某些读/写操作不对称的资源，例如，对该资源的读取次数很多，但修改次数却很少，ACE 提供了专用的读写锁。ACE_RW_Read_Mutex 和 ACE_RW_Write_Mutex 封装了原有操作系统的"reader/writer"机制，将访问线程分为 reader 和 writer 两类，并保证在它们同时访问该资源时，优先处理 writer 的写入操作，以实现更高效率的并发。

第三类同步机制类为 Semaphore（信号量）类。在多进程/线程通信的环境中，为协调处理多进程/线程之间的工作，经常会用到信号量类（典型的应用场景为生产者/消费者模型）。不同于 Mutex 对象，信号量提供一个引用计数器标识共享资源的状态，实现多进程/线程访问共享资源时的共同协作。如表 9-13 所示，同步 Wrapper Facade 封装并统一了各平台信号量的接口。

表 9-13　信号量接口

接　　口	接　口　描　述
Semaphore()	初始化一个信号量
acquire()	增加信号量的引用计数
release()	减少信号量的引用计数

ACE_Thread_Semaphore 提供了进程范围内的多线程间的信号量机制。ACE_Process_Semaphore 拥有与 ACE_Thread_Semaphore 相同的接口，但它是在多个进程间提供同步。开发者可利用 Semaphore 类快速、简单地实现线程/进程间的数据通信，如 ACE_Message_Queue 是 Semaphore 类的典型应用。类似地，ACE 也提供了 ACE_Null_Semaphore 类，用以提高程序的可移植性。

最后一类同步机制类为 Condition（条件变量）类，其条件变量可提供更复杂的调度策略。在需要复杂条件表达式的情况下，使用 Condition 类比使用 Mutex 类更为适合。对于本身不支持条件变量的系统平台（如 Windows），ACE 利用信号量/互斥体模拟条件变量的实现，以实现跨平台的应用。Condition 类的通用接口如表 9-14 所示。

表 9-14　Condition 类的通用接口

接　　口	接 口 描 述
wait()	处于休眠状态，等待超时或者另一个线程发出的信号
signal()	向一个等待条件变量的线程发出信号
broadcast()	向所有等待条件变量的线程发出信号

在某些多进程/线程的应用场景中，开发者可利用 ACE_Condition_Thread_Mutex 更高效地协调各线程间的工作。ACE 同样也提供了 ACE_Null_Condition 类以支持单线程环境。

9.6　服务器搭建

至此，已详细介绍了 ACE 架构。从本节开始，将尝试利用 ACE 实现一个简单网络游戏的实例。可将服务器划分为网络通信层和游戏逻辑层，网络通信层主要负责管理客户端与服务器之间的网络通信，游戏逻辑层则负责整个游戏逻辑的运行。本节将重点介绍服务器中的网络通信层。

1. 网络消息协议

客户端与服务器之间的通信采用 TCP 协议。在此基础上，重新封装一种消息格式，如图 9-5 所示。游戏中所有通信消息都将采用此种消息格式进行发送和接收。

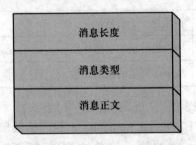

图 9-5　网络消息结构体

图 9-5 中消息结构体的前端是一个消息头，其中包含消息长度和消息类型两部分，用以标识该消息包的长度和类型。消息正文则以二进制的方式进行传输。

2. 网络通信层结构

如图 9-6 所示，网络通信层主要包含 GameMessage、SocketServer 和 ClientHandler 三个类。下面详细介绍这三个类的实现。

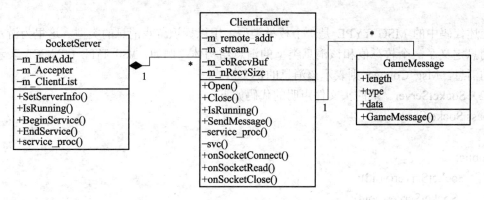

图 9-6 网络通信层结构

（1）GameMessage。GameMessage 类实现了对上面提到的消息包的封装。
```
enum MSG_TYPE        //消息类型
{
    MSG_TYPE_CONNECT,
    MSG_TYPE_CLOSE,
    ...
}
struct Msg_Connect
{
    char account[16];   //用户账号
    char password[16];  //用户密码
}
…
class GameMessage
{
public:
    GameMessage(MSG_TYPE type, void* data, int length);
    ~GameMessage(void);

public:
    int _length;
    MSG_TYPE _type;
    void* _data;
```

}

上述代码中的 MSG_TYPE 是一个枚举类型，用以标识游戏消息的类型。这里为游戏中的每个消息定义了一个枚举值和该消息类型的消息结构体，例如，MSG_TYPE_CONNECT 表示用户登录的消息，Msg_Connect 则表示该消息的正文格式。

（2）SocketServer。类的头文件声明的代码如下。

```cpp
class SocketServer
{
public:
    SocketServer(void);
    ~SocketServer(void);

public:
    void SetServiceInfo(unsigned short nPort);
    bool IsRunnning();
    bool BeginService();
    bool EndService();

private:
    static service_proc(void*);

private:
    ACE_SOCK_Acceptor        m_Acceptor;
    std::list<ClientHandler*>    m_ClientList;
    unsigned short           m_uPort;
};
```

服务器首先需要调用 SocketServer::SetServerInfo()方法设置服务器要监听的端口号，然后便可调用 BeginService()方法启动服务器，等待接收远程连接。BeginService()方法首先初始化一个连接接收器，然后创建一个线程接受来自客户端的网络连接。

```cpp
bool SocketServer::BeginService()
{
    ACE_INET_Addr server_addr;
    server_addr.set(m_uPort);
    // 初始化接收器
    if (m_Acceptor.open(server_addr,1) == -1)
```

```
            return false;

        m_bRunning = true;
        ACE_Thread_Manager::instance()->spawn( &SocketServer::service_proc, this);

        return true;
    }
```
service_proc()函数是接收器线程的入口函数。接收器线程会不停地循环接受来自客户端的连接。每当一个客户端连接被成功接受后，SocketServer 会初始化一个 ClientHandler 对象，为该客户服务，并将该 handler 存入客户端连接列表中。

```
    int SocketServer::service_proc(void* data)
    {
        SocketServer* pServer = (SocketServer*) data;
        if (pServer == NULL)
            return -1;

        while (pServer->IsRunning())
        {
            Client_Handler* pClient = new Client_Handler();
            if (pServer->Acceptor().accept(pClient->Stream(),&(pClient->Addr())) != -1)
            {
                //连接创建完成
                pClient->Open();
                pServer->m_ClientList.push_back( pClient );
            }
        }

        return 0;
    }
```

当服务器停止时，需要调用 SocketServer::EndService()函数。首先，该函数通知接收器线程停止工作，然后关闭所有正在进行的客户端连接，最后调用 ACE_Thread_Manager::wait()函数等待所有线程安全退出后结束。

```
    bool SocketServer::EndService()
    {
```

```
            m_bRunning = false;
            for (ClientList::iterator ir = m_ClientList.begin(); ir != m_ClientList.end(); ++ir)
            {
                Client_Handler* pClient = *ir;
                if (pClient)
                {
                    pClient->Close();
                    delete pClient;
                }
            }
            m_ClientList.clear();
            ACE_Thread_Manager::instance()->wait();

            return true;
}
```

（3）ClientHandler。ClientHandler 的头文件声明代码如下。

```
class ClientHandler
{
public:
    CLoginHandler();
    ~CLoginHandler(void);

public:
    ACE_SOCK_Stream& Stream(){return m_stream;}
    ACE_INET_Addr& Addr(){return m_remote_addr;}

    bool Open();
    bool Close();
    bool IsRunnning();
    int SendMessage(GameMessage* pMsg);

protected:
    void onSocketConnect();                        //网络创建成功
    void onSocketRead(GameMessage* pMsg);          //网络读取数据
```

```
        void onSocketClose();                    //网络连接断开

    private:
        static int service_proc(void*);
        int recv();

    protected:
        ACE_SOCK_Stream         m_stream;
        ACE_INET_Addr           m_remote_addr;
        int                     m_nRecvSize;                    //接收长度
        char                    m_cbRecvBuf[SOCKET_BUFFER*5];   //接收缓冲
    };
```

ClientHandler 对象中的数据成员 m_stream 为当前客户端的数据流对象，m_remote_addr 为该客户端的远程地址。为了拆分用户发来的数据包，使用 m_cbRecvBuf 来缓存所接收到的数据。

Open()函数用以初始化该客户端连接。服务器采用"每个客户端连接一个线程"的模式，为每个客户端创建一个线程，为其进行服务。

```
bool ClientHandler::Open()
{
    ACE_Thread_Manager::instance()->spawn( &ClientHandler::service_proc, this);
    m_bRunning = true;
    onSocketConnect();
    return true;
}
```

下面的代码实现 service_proc()函数。service_proc()线程函数调用该处理器的 recv 函数，循环地阻塞接收由客户端发送来的数据，并将数据缓存到数据缓存区。由于客户端发送的消息包是采用字节流的格式，所以需要对该数据流进行拆包，将字节流还原成一个个消息包，并交由 onSocketRead()函数进行处理。当数据接收出现错误或拆包发生错误时，需将该客户端的连接强制断开，以免程序运行错误。

```
int ClientHandler::service_proc(void* data)
{
    ClientHandler* pClient = (ClientHandler*) data;
    if (pClient == NULL)
        return -1;
```

```cpp
    while( IsRunning() )
    {

        pClient->recv();
    }
    return 0;
}
int ClientHandler::recv()
{
    ACE_Message_Block mb;
    mb.base(m_cbRecvBuf, SOCKET_BUFFER);
    mb.wr_ptr( m_nRecvSize);

    //阻塞接收 20ms
    ACE_Time_Value  tv(0,20000);
    int bytes_read= m_stream.recv(mb.wr_ptr(),mb.space(),&tv);

    //判断接收结果
    if (bytes_read <= 0)
    {
        //网络连接出现错误或关闭
        Close();
        return -1;
    }
    else if (bytes_read > 0)
    {
        //连接信息
        m_nRecvSize += bytes_read;

        char cbBuffer[SOCKET_BUFFER];
        GameMessage * pMsg = (GameMessage *)m_cbRecvBuf;
        while (m_nRecvSize >= (sizeof(pMsg->_length) + sizeof(pMsg->_type)))
        {
            int packetSize = pMsg->_length + sizeof(pMsg->_length) + sizeof(pMsg->_type);
```

```cpp
            //效验数据
            if (packetSize > (SOCKET_PACKAGE))
            {
                SetErrorMsg("远程端口数据包超长\n");
                Close();
                return -1;
            }
            if (m_nRecvSize < pMsg->_length)
            {
                break;
            }
            onSocketRead( pMsg );
            //删除缓存数据
            m_nRecvSize -= packetSize;
            ACE_OS::memmove(m_cbRecvBuf,m_cbRecvBuf+packetSize,m_dwRecvSize);
        }
    }
    return 0;
}
```

SendMessage()函数负责将数据包发送到数据流中。

```cpp
int    ClientHandler::SendMessage(GameMessage* pMsg)
{
    return m_stream.send(pMsg, pMsg->_length + sizeof(pMsg->_length) + sizeof(pMsg->_type));
}
```

当客户端发生错误或断开连接时，需要关闭数据流对象，释放内存资源。

```cpp
bool ClientHandler::Close()
{
    m_bRunning = false;
    m_stream.close();
    onSocketClose();
    return true;
}
```

9.7 服务器优化

在 9.6 节的服务器实现中，使用了"每个客户端连接一个线程"的网络模型。该模型在为多用户提供并发服务的同时，也存在着缺点，当用户量较多时，服务器将存在相同数量的线程。切换线程所需要的开销将会造成服务器资源的巨大浪费。本节将使用 select 模型和线程池技术对服务器进行优化，实现更高效的游戏服务器。

不再为每个客户端连接创建一个线程，而是使用一个线程池处理需要接收数据的处理器。如图 9-7 所示，首先，在 SocketServer 中使用 select 函数查询到需要处理的客户端处理器，然后将该处理器放入线程池的工作队列中；然后，线程池 ThreadPool 从该队列中取出处理器，接收客户端发送的数据并加以处理。如此，不仅保证了并发能力，而且不会导致服务器资源的浪费。这种网络模型亦被称为"半同步/半异步模型"。

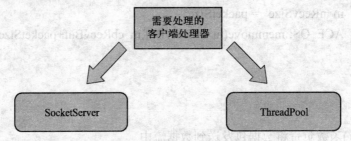

图 9-7 半同步/半异步模型

在 SocketServer 中，增加了如下几个成员。

ACE_Handle_Set   m_Master_H_set;
ACE_Handle_Set   m_Active_H_set;
typedef std::map< ACE_HANDLE, ClientHandler*> HANDLE_CLIENT_MAP;
HANDLE_CLIENT_MAP   m_Handle_Client_Map;
ThreadPool   m_Threadpool;

m_Master_H_set 用以存放当前所有客户端的连接句柄，m_Active_H_set 用以存放接收数据的数据流句柄，m_Handle_Client_Map 则用于保存句柄到处理器指针映射的 key-value 对，可根据句柄值找到相应的客户端处理器。

当一个客户端连接被接受后，则将该连接及其句柄放入该 map 中，以实现快速查找。实现该功能的代码如下。

int SocketServer::accept_proc(void* data)
{

```cpp
    SocketServer* pServer = (SocketServer*) data;
    if (pServer == NULL)
        return -1;

    while (pServer->IsRunning())
    {
        Client_Handler* pClient = new Client_Handler();
        if (pServer->Acceptor().accept(pClient->Stream(),&(pClient->Addr())) != -1)
        {
            //连接创建完成
            pClient->Open();
            pServer->m_ClientList.push_back( pClient );
            pServer ->m_Master_H_set.set_bit(pClient->Stream().get_handle());
            pServer ->m_Handle_Client_Map.insert(make_pair<ACE_ HANDLE, ClientHandler
*> (pClient->Stream().get_handle(), pClient));
        }
    }
    return 0;
}
```

然后在 SocketServer 中创建另一个线程 select_proc(void* data)运行 select 操作，找出需要读取的连接句柄，再从 m_Handle_Client_Map 中查找出该句柄所对应的客户端处理器，放入线程池中处理。需要注意的是：应先将该句柄从句柄集中移除，以免该句柄再次被激活。线程池完成读取操作后，需要再次将该句柄放回句柄集。该段代码实现如下。

```cpp
int SocketServer::select_proc(void* data)
{
    SocketServer* pServer = (SocketServer*) data;
    if (pServer == NULL)
        return -1;
    while (pServer->IsRunning())
        pServer->handleSelect();
}
int SocketServer::handleSelect()
{
    m_Active_H_set=m_Master_H_set;
```

9.7 服务器优化

```cpp
        int width=(int)m_Master_H_set.max_set()+1;
        if (select(width,m_Active_H_set.fdset(),NULL,NULL,NULL) ==-1)
        {
            return -1;
        }
        m_Active_H_set.sync(m_Active_H_set.max_set()+1);

        for (ACE_HANDLE hdl=Acceptor().get_handle()+1;hdl<m_Active_H_set.max_set()+1; hdl++)
        {
            if (m_Active_H_set.is_set(hdl))
            {
                HANDLE_CLIENT_MAP ir = m_Handle_Client_Map.find(hdl);
                if (ir != m_Handle_Client_Map.end())
                {
                    //暂时从句柄集中移除，当处理完成后再放回集中。
                    RemoveHandle(hdl);
                    m_Threadpool.enqueue(ir->second);
                }
            }
        }
        return 0;
}
```

利用 ACE_Task 框架可创建一个高效率的线程池模型。下面的代码用于声明线程池。

```cpp
class Thread_Pool : public ACE_Task<ACE_MT_SYNCH>
{
public:
    typedef ACE_Task<ACE_MT_SYNCH> inherited;
    Thread_Pool (void);
    int start (int pool_size = 5)

    //关闭线程池
    virtual int stop (void);
    int enqueue (ClientHandler *handler);
    //ACE_Atomic_Op 保证多线程环境下的安全操作
```

```cpp
    typedef ACE_Atomic_Op<ACE_Mutex, int> counter_t;

protected:
    int svc (void);
    counter_t    active_threads_;
    SocketServer* m_pSocketServer;
};
```

使用 start()函数启动线程池，默认的线程池大小为 5。

```cpp
int Thread_Pool::start (int pool_size)
{
    return this->activate (THR_NEW_LWP|THR_DETACHED, pool_size);
}
```

当一个客户端请求需要被处理时，可调用 enqueue()函数将该客户端处理器放入线程池的工作队列中。

```cpp
int Thread_Pool::enqueue (ClientHandler *handler)
{
    void *v_data = (void *) handler;
    char *c_data = (char *) v_data;
    ACE_Message_Block *mb;
    ACE_NEW_RETURN (mb,ACE_Message_Block (c_data), -1);
    if (this->putq (mb) == -1)
    {
        mb->release ();
        return -1;
    }
    return 0;
}
```

下面的代码用以实现线程池的工作函数 svc()，该函数每次从工作队列中取出一个客户端处理器，并调用该处理器的 recv 操作接收并处理客户端发送来的数据。当该处理器处理失败时，线程池将会关闭该处理器，并清理资源。

```cpp
int Thread_Pool::svc (void)
{
    ACE_Message_Block *mb;
    Counter_Guard counter_guard (active_threads_);
```

```
        while (this->getq (mb) != -1)
        {
            Message_Block_Guard message_block_guard (mb);
            char *c_data = mb->base ();
            if (c_data)
            {
                void *v_data = (void *) c_data;
                ClientHandler *handler = (ClientHandler *) v_data;
                if (handler->recv()  == -1)
                {
                    handler->Close();
                    m_pSocketServer->removeHandle(handler->Stream().GetHandle());
                }
                pSocketServer->addHandle(handler->Stream().GetHandle());
            }
            else
                return 0;
        }
        return 0;
}
```

9.8 客户端实现

客户端的实现比服务器端的实现简单。在客户端的网络通信层，由 ClientConnection 类实现与服务器的连接、接收数据包和发送数据包。ClientConnection 的声明（与 ClientHandler 类的声明类似）代码如下。

```
class ClientConnection
{
public:
    ClientConnection();
    ~ClientConnection(void);

public:
```

```cpp
    ACE_SOCK_Stream& Stream(){return m_stream;}
    ACE_INET_Addr& Addr(){return m_remote_addr;}

    bool Connect(char* szIP, unsigned short port);
    bool Close();
    bool IsRunnning();
    int SendMessage(GameMessage* pMsg);

protected:
    void onSocketConnect();                         //网络连接成功
    void onSocketRead(GameMessage* pMsg);           //网络数据读取
    void onSocketClose();                           //网络连接断开

private:
    static int service_proc(void*);
    int recv();

protected:
    ACE_SOCK_Stream     m_stream;
    ACE_INET_Addr       m_remote_addr;
    int                 m_nRecvSize;                //接收数据长度
    char                m_cbRecvBuf[SOCKET_BUFFER*5]; //接收缓存区
};
```

Connect()函数用以建立与服务器的网络连接,用户可指定要连接的服务器的 IP 地址和网络端口号。Connect()函数使用 ACE_SOCK_Connector 建立一个连接,并为之创建一个线程,接收数据包。下面为实现该函数的代码。

```cpp
//创建一个连接
int ClientConnection::Connect(const char* szServerIP, unsigned short wPort)
{
    //服务器地址
    ACE_INET_Addr server_addr;
    server_addr.set(wPort,szServerIP);
    //连接器
    ACE_SOCK_Connector connector;
```

```
//连接服务器
ACE_Time_Value tv(10);
int nRet=connector.connect(m_stream, server_addr, &tv);
if (nRet<0)
{
    return nRet;
}

ACE_Thread_Manager::instance()->spawn( &ClientHandler::service_proc, this);
m_bRunning = true;
onSocketConnect();
return 0;
}
```
实现其他函数部分的代码可参照服务器端的 ClientHandler 类。

9.9 大型网络游戏实现

前面介绍的实例只是一个简单的网络游戏模型。实际上，大型网络游戏对于服务器吞吐量和消息处理效率等都有很高的要求。为了使服务器满足更多在线人数和高吞吐量的需求，ACE 提供了 ACE_Reactor（反应器）框架和 ACE_Proactor（前摄器）框架。

ACE_Reactor 框架如图 9-8 所示，它主要由 ACE_Reactor 和多个 ACE_Event_Handler 组成。ACE_Reactor 负责检测并多路分离不同的连接事件和数据事件，且将这些事件交由相应的 ACE_Event_Handler 进行处理。ACE_Event_Handler 实现 handle_input、handle_output 和 handle_close 等事件接口用以处理诸如连接创建、数据读取、数据写入和连接关闭等多种事件。

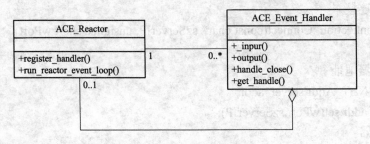

图 9-8 ACE_Reactor 框架

根据 Reactor 多路分离策略的不同，可以派生出多种 Reactor 实现，如表 9-15 所示。

表 9-15 多路分离策略不同的多种 Reactor 实现

Reactor 类	描述
ACE_Select_Reactor	使用 select 函数进行多路分离的反应器
ACE_TP_Reactor	结合 ACE_Select_Reactor，并使用领导者/追随者模型来实现将事件分离到一个线程池中
ACE_WMFO_Reactor	使用 Windows 平台的 WaitForMultipleObjects()函数实现多路分离的反应器
ACE_Dev_Poll_Reactor	使用 epoll 多路事件分离机制，比 select 模型更高效
ACE_Msg_WFMO_Reactor	使用 Windows 消息处理机制与 WaitForMultipleObjects()函数相结合的反应器

ACE_Proactor 框架：与 Reactor 框架相比，Proactor 框架中的服务器可异步地发起多个操作，而不采用阻塞式的等待操作结束。Proactor 更多地利用 OS 的特性，无须关注如何同步 I/O 操作和多线程所带来的开销，只需等完成委托给 OS 的事件后再进行处理。

在上一节的服务端实例中，可利用 ACE_TP_Reactor 框架实现一个更高效、高吞吐量的网络游戏服务器。

首先需要定义一个 SockAcceptor 类用于处理网络连接方面的事件，这个类继承自 ACE_Event_Handler。

```
class ClientAcceptor : public ACE_Event_Handler
{
public:
    SocketServer(ACE_Reactor* pReactor);
    ~SocketServer(void);

    virtual int open(const ACE_INET_Addr& addr);
    virtual int handle_input(ACE_HANDLE);
    virtual int handle_close(ACE_HANDLE, ACE_Reactor_Mask);
protected:
    ACE_SOCK_Acceptor           m_Acceptor;
    ACE_Reactor *               m_pReactor;
}
```

Open()函数用于初始化 m_Aceeptor，并将 open()函数注册到反应器中。注册函数的第二个参数 ACE_Event_Handler::ACCEPT_MASK 表示该处理器会接受反应器中的网络连接事件。

```cpp
int ClientAcceptor::Open(const ACE_INET_Addr& addr)
{
    if (m_Acceptor.open( addr ) == -1)
        return -1;
    m_pReactor->register_handler(this, ACE_Event_Handler::ACCEPT_MASK);
    return 0;
}
```

当有新的远程连接到来时，反应器会触发 acceptor 的 handle_input 接口，acceptor 会为该连接创建一个事件处理器，并初始化该处理器。当连接失败或初始化失败时，acceptor 会将该处理器删除。

```cpp
int ClientAcceptor::handle_input(ACE_HANDLE)
{
    Client_Handler* pClient = new Client_Handler(m_pReactor);
    if (m_Acceptor.accept(pClient->Stream(),&(pClient->Addr()))==-1)
    {
        delete pClient;
        return -1;
    }
    else if (pClient->Open()==-1)
    {
        pClient->handle_close();
        delete pClient;
        return 0;
    }
    return 0;
}
```

当连接器发生错误时，将调用 acceptor 的 handle_close 接口来完成连接错误的善后工作，如内存释放。

```cpp
int ClientAcceptor::handle_close(ACE_HANDLE, ACE_Reactor_Mask)
{
    m_Acceptor.close();
    delete this;
    return 0;
}
```

下面对 SocketServer 做一些修改，使用 Reactor 框架处理服务器端逻辑。

```cpp
class SocketServer
{
public:
    SocketServer(void);
    ~SocketServer(void);
public:
    bool BeginService();
    bool EndService();

    void SetServiceInfo(unsigned short nPort);
    bool IsRunnning();
    ClientAcceptor& Accepter();
private:
    static int service_proc(void*);
private:
    ClientAcceptor          m_Acceptor;
    ACE_Reactor             m_reactor;
    ACE_TP_Reactor          m_TPReactor;
    unsigned short          m_uPort;
    bool                    m_bRunning;
};
```

在 BeginService()函数中，对接收器进行初始化并创建反应器的工作线程。线程工作函数需要不断运行反应器的事件循环。当服务器停止时，也需要停止反应器的事件循环。

```cpp
bool SocketServer::BeginService()
{
    ACE_INET_Addr server_addr;
    server_addr.set(m_uPort);
    // 初始化接收器
    if (m_Acceptor.open(server_addr) == -1)
        return false;
    m_bRunning = true;
    ACE_Thread_Manager::instance()->spawn( &SocketServer::service_proc, this);
    return true;
```

```cpp
}
int SocketServer::service_proc(void* data)
{
    SocketServer* pServer = (SocketServer*) data;
    if (pServer == NULL)
        return -1;
    while (!pServer->m_Reactor.reactor_event_loop_done ())
    {
        if (m_Reactor.run_reactor_event_loop (interval) == -1)
            break;
    }
    return 0;
}
bool SocketServer::EndService()
{
    m_bRunning = false;
    m_Reactor.end_reactor_event_loop();
    ACE_Thread_Manager::instance()->wait();
    return true;
}
```

同样地，也需要修改 ClientHandler，使之可与 Reactor 协作。

```cpp
class ClientHandler : public ACE_Event_Handler
{
public:
    CLoginHandler(ACE_Reactor* pReactor);
    ~CLoginHandler(void);

public:
    ACE_SOCK_Stream& Stream(){return m_stream;}
    ACE_INET_Addr& Addr(){return m_remote_addr;}

    virtual int open(const ACE_INET_Addr& addr);
    virtual int handle_input(ACE_HANDLE);
    virtual int handle_close(ACE_HANDLE, ACE_Reactor_Mask);
```

```
        int SendMessage(GameMessage* pMsg);

protected:
        void onSocketConnect();                    //连接创建成功
        void onSocketRead(GameMessage* pMsg);      //网络读取数据
        void onSocketClose();                      //网络连接关闭

private:
        int recv();

protected:
        ACE_SOCK_Stream     m_stream;
        ACE_INET_Addr       m_remote_addr;
        int                 m_nRecvSize;                    //接收长度
        char                m_cbRecvBuf[SOCKET_BUFFER*5];   //接收缓存区
        ACE_Reactor*        m_pReactor;
};
```

继承了 ACE_Event_Handler，ClientHandler 去除了线程方面的支持，而将客户端的读取数据操作交由反应器来分派。当有数据到来时，调用该事件处理器的 handle_input 方法来接收数据，调用 recv()函数接收并处理客户端的数据请求。当 recv()函数处理失败时，处理器的 handle_input()返回-1，使得反应器调用本处理器的 handle_close()函数，关闭网络连接并删除处理器。

```
int ClientHandler::Open()
{
    m_pReactor->register_handler(this, ACE_Event_Handler::READ_MASK);
    onSocketConnect();
    return -1;
}
int ClientHandler::handle_input(ACE_HANDLE)
{
    return recv();
}
int ClientHandler::handle_close(ACE_HANDLE, ACE_Reactor_Mask)
```

```
    {
        m_Acceptor.close();
        delete this;
        return 0;
    }
```

【小结】 本章主要介绍了网络游戏中网络通信技术方面的知识，介绍了 ACE 架构中 4 个主要的 Wrapper Facade：Socket API 操作、进程操作、线程操作和同步操作，并通过一个实例，介绍了服务器方面和客户端方面的网络通信层的实现，以及 ACE 技术中 Wrapper Facade API 的实际应用。最后介绍了在大型网络游戏开发中，利用 Reactor 框架实现一个更高效的游戏服务器。

习题 9

1. 什么是 ACE 架构，ACE 架构有哪些优点？
2. 利用 ACE 架构搭建大型网络游戏的服务器端。

参考文献

[1] 游戏发展史[EB/OL]. http://baike.soso.com/v4221856.htm.
[2] 谢希仁. 计算机网络[M]. 北京：电子工业出版社，2008.
[3] Windows Socket[EB/OL]. http://baike.baidu.com/view/768818.htm.
[4] 施米特，休斯顿. C++网络编程，卷 2，基于 ACE 和框架的系统化复用[M]. 马维达，译. 北京：电子工业出版社，2004.

郑重声明

高等教育出版社依法对本书享有专有出版权。任何未经许可的复制、销售行为均违反《中华人民共和国著作权法》，其行为人将承担相应的民事责任和行政责任；构成犯罪的，将被依法追究刑事责任。为了维护市场秩序，保护读者的合法权益，避免读者误用盗版书造成不良后果，我社将配合行政执法部门和司法机关对违法犯罪的单位和个人进行严厉打击。社会各界人士如发现上述侵权行为，希望及时举报，本社将奖励举报有功人员。

反盗版举报电话　（010）58581897　58582371　58581879
反盗版举报传真　（010）82086060
反盗版举报邮箱　dd@hep.com.cn
通信地址　北京市西城区德外大街4号　高等教育出版社法务部
邮政编码　100120